바다에 오르다

김웅서 박사의 심해탐사기

바다에 오르다

초판 1쇄 발행일 2005년 5월 1일
초판 2쇄 발행일 2016년 6월 10일

지은이 김웅서
펴낸이 이원중

펴낸곳 지성사 출판등록일 1993년 12월 9일 등록번호 제10-916호
주소 (03408) 서울시 은평구 진흥로1길 4(역촌동 42-13) 2층
전화 (02) 335-5494 팩스 (02) 335-5496
홈페이지 지성사.한국 | www.jisungsa.co.kr 이메일 jisungsa@hanmail.net

ISBN 978-89-7889-118-7 (03400)

이 도서의 국립중앙도서관 출판시도서목록(CIP)은 서지정보유통지원시스템 홈페이지(http://seoji.nl.go.kr)와
국가자료공동목록시스템(http://www.nl.go.kr/kolisnet)에서 이용하실 수 있습니다. (CIP제어번호: CIP2005000961)

이 도서는 한국과학문화재단에서 시행하는 과학문화지원사업의 지원을 받아 출판되었습니다.

김웅서 박사의 심해탐사기

바다에 오르다

김웅서 지음

지성사

망각 속으로 사라질 그날을 기억하며

꼬박꼬박 쓴 일기를 매일 담임 선생님께 검사받던 초등학교 때가 어렴풋이 떠오른다. 오래전 일이다.

새 봄이 멀지 않아 마음 설레던 지난 2월 말 어느 날 저녁, 초등학교에 입학한 지 40년이 되는 해를 맞아 동창회가 열렸다. 일곱 살 어렸던 친구들이 결코 짧지 않은 세월의 외투를 걸치고 나왔다. 벗겨진 머리, 희끗해진 머리카락, 주름진 눈가, 늘어난 허리는 어쩔 수 없어도, 예전의 해맑은 얼굴은 아직도 그대로였다. 들고나온 빛바랜 사진들을 서로 돌려보면서 그 시절을 추억하며 이야기꽃을 피웠다. 그때 만약 초등학교 때 썼던 일기장이 있었더라면…….

대학교 1학년 때인 1977년, 아직 봄바람에서 동장군의 심술이 느껴질 무렵 문무대에 들어가 혹독한 군사 훈련을 받으면서도 짬짬이 일기를 썼던 기억이 난다. 그때는 선생님께 검사를 받기 위해서가 아니라 당시 우리나라의 암울한 현실이 답답하고 가슴 깊은 곳에서 끓어오르는 젊은 혈기를 다스리느라 스스로 썼다. 표지에 세월의 흔적이 남아 있는 일기장이 다행히 아직도 보관되어, 흙먼지 묻히며 땅에서 뒹굴던 당시의 기억을 되살려주곤 한다. 그리고 미국 유학시절인 1988년 3월, 바람이 아직 싸늘했던 이른 봄에 첫아이를 얻은 기쁨과 신기함에 육아일기를 썼다. 딸아이의 자라는 모습을 사진으로 찍어 일기장 곳곳에 붙이기도 했다. 그러나 아들의 육아일기는 귀국 후 자리를 잡느라 정신이 없어 써 주지 못한 것이 못내 아쉽다.

그후로 일기라고는 써 본 기억이 없다. 너무 편히 생활해서인지, 아니면 다람쥐

쳇바퀴 돌듯 너무 바쁘게 살았기 때문인지 매일 뭔가를 기록할 엄두가 나지 않았다. 그러다가 작년 5월에 다시금 일기를 쓸 계기가 생겼다. 프랑스 국립해양개발연구소(IFREMER)의 연구선을 타고 태평양 심해저를 조사하기 위해 여러 나라 해양과학자들과 6주간 항해를 한 것이다. 바다를 연구하는 것이 늘 하던 일이라, 태평양에서 한 달 넘게 생활하는 것이 뭐 그리 특별한 일은 아니었다. 그렇지만 이번에는 수심 5천 미터가 넘는 곳을 잠수정을 타고 직접 들어가기로 되어 있었기에, 여느 때와는 느낌이 달랐다. 엄청난 수압이 내리누르는 태평양 바닥에 내려간다는 사실이 불안했지만, 그보다는 어느 누구도 가 보지 않은 곳에 간다는 기대감이 훨씬 더 컸다. 이번 탐사 기간에는 우리 연구원 팀원을 이끌고 태평양을 조사할 때처럼 스트레스를 받지 않았다. 탐사에 대한 책임이 아무래도 덜했기 때문에, 일기를 쓸 마음의 여유도 있었는지 모르겠다.

심해 여행은 분명 아무에게나 흔하게 오는 기회는 아닐 것이다. 이런 경험을 그냥 망각 속으로 흘려보내기가 아까워 겁 없이 일기를 썼다. 심해저 탐사 과정을 기록해 바다를 사랑하는 모든 사람들과 공유하고 싶었다. 그렇지만 막상 많은 사람들이 내 일기를 읽을 거라고 생각하니, 마치 남 앞에서 발가벗고 속살을 보여 주는 것 같아 출판이 망설여지기도 하였다.

한편 우리나라는 아직 심해유인잠수정을 보유하지 못해, 다른 나라 잠수정을 타고 심해를 탐험해 아쉬웠다. 프랑스의 심해유인잠수정 노틸(Nautile)을 이용한 이번 탐사 외에 서울대학교 김경렬 교수, 한국해양연구원 김동성 · 현정호 · 정회수 박사 등도 미국과 일본의 심해유인잠수정을 탄 적이 있다. 앞으로 우리나라도 심해유인잠수정을 만들어 더 많은 과학자들이 심해의 경이로운 신비를 벗기는 모험에 도전할 수 있기를 바란다.

　귀중한 항해 기회를 준 프랑스 국립해양개발연구소 조엘 갈레롱(Joelle Galeron) 박사, 하와이대학교 크레이그 스미스(Craig Smith) 교수를 비롯하여 노디너트(Nodinaut) 항해에 참가했던 프랑스 · 미국 · 영국 · 독일 · 일본의 과학자, 연구선 아탈랑트(L'Atalante)와 잠수정 노틸의 승무원 등 모든 분들께 이 자리를 빌어 고마운 마음을 전한다. 그리고 많은 시간 태평양 한복판에서 심해저 자원을 개발하기 위해 동고동락하는 한국해양연구원 심해저자원연구센터의 김기현 · 강정극 · 문재운 · 이경용 · 손승규 · 박정기 · 지상범 · 유찬민 · 형기성 · 김현섭 · 고영탁 · 김종욱 박사를 비롯한 모든 연구원 동료들에게도 감사의 마음을 전하며, 심해 탐사 경험을 글로나마 같이 나누고자 한다. 바다에서 생활하는 것은 결코 쉽지 않다. 바다를 연구하거나 지키기 위해, 바다를 개발하고 이용하기 위해, 목적이야 어떠하든 힘들게 바다에서 많은 시간을 보내는 분들, 바다를 사랑하는 모든 분들과 이번 경험을 나누고 싶다.

　글을 쓰고 나면 항상 어딘가 마음에 안 드는 부분이 눈에 띄고, 부족한 것이 느껴진다. 다행히도 바다에 관한 문학적 상상력이 풍부한 해군사관학교 최영호 교수가 수려한 글을 덧붙여 이런 고민을 덜어 주었다. 이원중 사장을 비롯한 지성사 식구들도 필자의 부족한 글재주를 보완해 주느라 애를 많이 썼다. 이분들께도 감사드린다. 함께 있는 시간이 많을수록 사랑이 더 깊어지는 것은 아니지만, 떨어져 있는 시간이 많아 가족들에겐 늘 미안했다. 이 글을 빌어 미안함과 아울러 사랑하는 마음을 전한다.

2005년 4월 김웅서

10년 전이다. 태평양을 횡단하며 아무나 가볼 수 없는 태평양의 밑바닥까지 다녀온 것이. 출판사에서 2쇄가 나올 예정이니 수정할 곳이 있으면 해달라는 부탁을 받고 오랜만에 책을 다시 꼼꼼하게 읽을 기회가 생겼다. 역시 기록으로 남기는 것은 중요하다. 만약 기록해 두지 않았더라면 당시 기억이 희미한 주마등 촛불만큼이나 흐릿했을 것이다. 그러나 기록 덕분에 기억이 LED등처럼 또렷하게 되살아났다.

10년이면 강산도 바뀐다고 했다. 결코 짧지 않은 기간이란 뜻이다. 그사이 나이도 열 살이나 더 먹어 어느덧 흰 머리카락을 숨길 수 없게 되었다. 빠르게 늘어나는 새치처럼 해양과학기술, 특히 심해잠수정 분야에서도 지난 10년 동안 많은 발전이 있었다.

본문 중에 언급이 되었지만 당시에는 우리나라에 6,000미터까지 잠항할 수 있는 유인잠수정은 물론 무인잠수정도 없었다. 그러나 2006년 선박해양플랜트연구소 이판묵 박사팀이 6,000미터급 원격조종무인잠수정(ROV) '해미래'를 개발하였다. 그리고 지금 6,500미터급 심해유인잠수정 개발 연구와 타당성 조사가 진행 중이다.

2012년 봄에는 영화 「타이타닉」, 「아바타」 등을 만든 영화감독 제임스 카메론이 심해유인잠수정 '딥시챌린저'를 타고 지구에서 가장 깊은 바다, 수심이 약 11,000미터나 되는 마리아나 해구를 다녀왔다. 같은 해 여름 중국은 심해유인잠수정 '자오룽'으로 수심 7,000미터가 넘는 곳까지 성공적으로 탐사를 하였다. 이로써 일본의 심해유인잠수정 '신카이 6500'을 누르고 현재 가장 깊이 과학 탐사를 할 수 있는 유인잠수정을 보유한 국가가 되었다. 러시아는 대통령까지 자국 심해유인잠수정 '미르'를 타고 직접 잠항하기도 하였다. 우리를 둘러싼 미국, 중국, 일본, 러시아는 이처럼 지금 바다에서 소리 없는 전쟁을 하고 있다.

　10년 전 프랑스 국립해양개발연구소가 보유한 심해유인잠수정 '노틸'을 타고 북동태평양 심해저를 탐사할 때 느꼈던 아쉬움 가운데 하나는 내가 탄 잠수정이 태극기를 단 우리나라 것이었으면 하는 바람이었다. 심해유인잠수정 개발 사업이 순조롭게 진행되어 우리나라 국민의 자긍심도 높이고, 후배 해양과학기술자들이 우리가 만든 심해유인잠수정을 타고 전 세계 바다에서 연구하는 날이 빨리 왔으면 한다.

　　　　　　　　　　　　　　　　　　　　　2016년 5월 김웅서

CONTENTS

5월 14일

인천공항을 떠났다. 세계 여러 나라의 과학자들과 함께 태평양 심해 환경을 연구하기 위해서다. 이번 탐사는 프랑스 국립해양개발연구소(IFREMER)의 연구선 아탈랑트(L'Atalante)호를 타고 멕시코의 만사니요(Manzanillo)항을 떠나 태평양을 가로질러 누벨칼레도니(Nouvelle Calédonie, 뉴칼레도니아)의 누메아(Nouméa)까지 가는, 42일간의 일정으로 계획되어 있다. 그동안 수차례 심해 환경을 조사했지만, 이번 탐사가 유난히 가슴 설레는 것은 우리나라 사람으로는 처음으로 수심 5천 미터가 넘는 태평양 바닥까지 직접 내려가기 때문이다.

서울에서 로스앤젤레스로 가는 대한항공 기내에서 디스커버리 채널(케이블 방송 채널 중 하나)을 보았다. 마침 바다에 관한 프로그램이 나와 시선을 끌었다. 과학소설(SF)에서나 나올 법한 이야기지만, 그 프로그램은 뉴욕에서부터 런던까지 대서양을 가로지르는 수중부유터널을 만들어 열차를 다니게 한다는 내용이었다. 터널은 선박이 지나다니는 데 지장이 없도록 수심 30~40미터에 만들고, 열차는 철로와 마찰이 없는 자기부상열차를 사용하며, 터널 안은 공기 저항을 없애기 위해 진공으로 만들어 열차 속도를 높인다. 이렇게 하면 뉴욕에서 런던까지 1시간이 채 안 걸린단다. 비행기를 타고 가도 7시간이 넘게 걸리는 거리인데 말이다. 물론 이것은 계획이고, 실현되려면 해결할 기술적인 문제가 많을 것이다. 지하터널로 가는 전차를 지하철이라고 하는데, 그러면 바닷속 터널로 가는 것은 '해중철'이라고 불러야 할까?

과학 기술자들의 상상력은 무한하고, 상상력이 실현될 때 우리 생활은 엄청

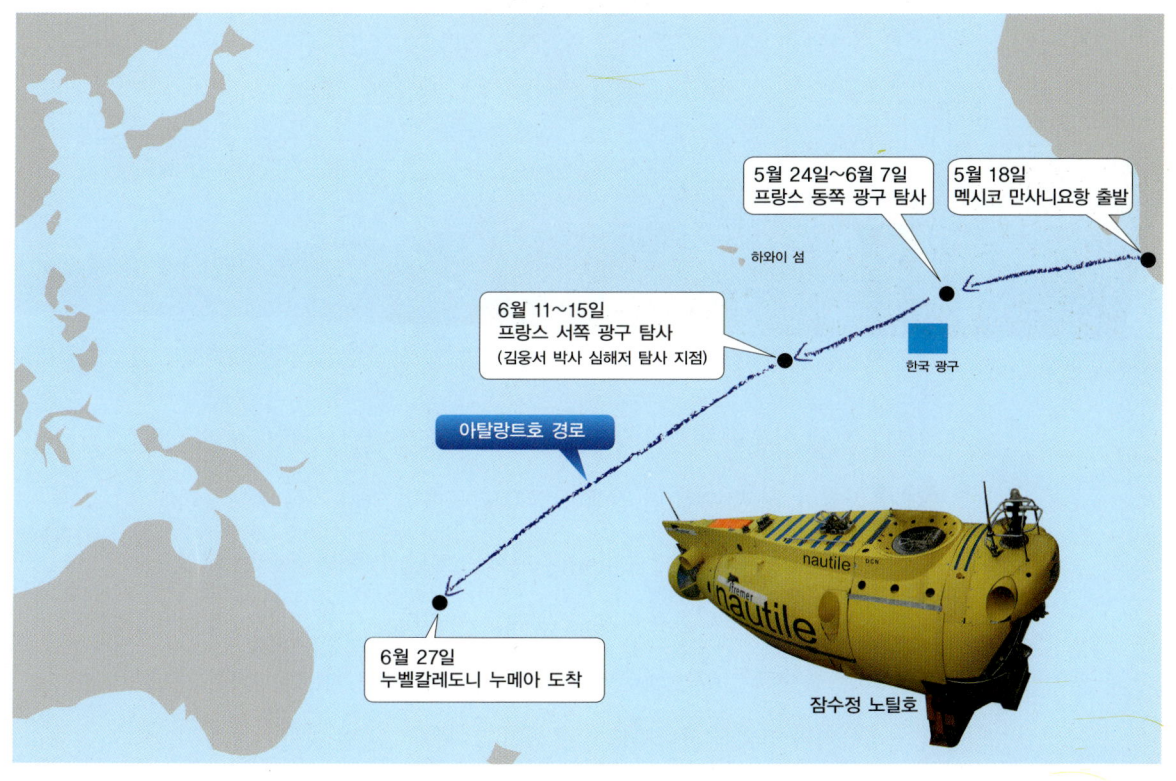

5월 24일~6월 7일
프랑스 동쪽 광구 탐사

5월 18일
멕시코 만사니요항 출발

하와이 섬

6월 11~15일
프랑스 서쪽 광구 탐사
(김웅서 박사 심해저 탐사 지점)

한국 광구

아탈랑트호 경로

6월 27일
누벨칼레도니 누메아 도착

잠수정 노틸호

42일간의 항해 경로.

42일간 동고동락할 아탈랑트호.

나게 변한다. 오랜 인류의 역사가 증명해 주듯이 과학의 발달로 우리 생활은 상전벽해가 되었다. 불과 수십 년 전에는 상상도 못했던 일이 지금은 일상화되었다. 생활필수품이 되어 버린 컴퓨터만 해도 그렇다. 1980년대 초반 석사논문을 쓰기 위해 실험자료를 분석할 때만 해도 펀치카드 수백 장에 구멍을 뚫어 집채만 한 컴퓨터가 있는 곳을 일일이 찾아다니며 계산해야만 했다. 카드 순서가 섞이거나 펀치를 하나라도 잘못하면 그야말로 삼 년 염불이 헛수고가 되기 일쑤였다. 그 무렵 요사이 데스크톱컴퓨터와 같은 것이 막 나오기 시작했으나, 메모리 용량도 적고 계산하려면 포트란이나 베이식과 같은 컴퓨터 언어로 프로그램을 일일이 입력해야 하고, 자료도 카세트테이프에다 저장해야 하는 등 불편이 이만저만이 아니었다.

또 요즘처럼 워드프로세서로 간단하게 작업할 수 있는 것도 아니었다. 타자기를 사용해 논문을 썼다. 그런데 글자를 잘못 치기라도 하면 지우고 다시 쳐야 했고, 내용을 바꾸고 싶으면 전체를 다시 쳐야 하는 끔찍한 상황이 곧잘 발생하였다. 게다가 타자기 소리까지 요란스러워 늦은 밤 작업하려면 여간 눈치가 보이는 게 아니었다. 지금 생각하면 어떻게 그런 불편을 감수했는지 도저히 상상이 가지 않는다. 과학 기술자들의 노력으로 컴퓨터는 불과 20년 만에 환골탈태하였다.

요즘 학생들이 이공계를 회피한다고 하여 이공계 위기다 뭐다 하고 난리다. 공부하기는 어렵고 그렇다고 봉급이 많은 것도 아니니 그럴 것이다. 내가 어렸을 때만 해도 학교에서 장래 희망을 조사하면 거의 대부분 학생들이 과학자가 되겠다고 대답했다. 경제적인 현실을 외면한 채 이공계를 회피하는 학생들만 나무랄 수는 없다. 설령 과학자가 다른 직업을 가진 사람들보다 수입이 많지 않더라도, 과학자는 자신의 지적 호기심을 충족시키고 인류를 위해 봉사할 수 있는 매력적인 직업이다. 우리가 지금 누리는 편안함도 이들의 노력이 있었기 때문에 가능했다. 과학자들이 예전처럼 인기 있고 대우받는 사회가 언제나 다시 올는지.

로스앤젤레스국제공항에서는 비행기만 갈아타는 데도 짐을 찾았다가 다시 보내야 했다. 미국 뉴욕 맨해튼에 있는 세계무역센터가 테러리스트가 납치한 항공기에 부딪혀 무너져 내리는, 영화에서나 볼 가공할 만한 사건이 2001년 9월 11일 일어난 직후부터 비행기 여행이 아주 불편해졌다.

연결편인 아에로멕시코항공기를 기다리기 위해 라운지에 들렀다. 라운지에는 여러 잡지가 있었는데, 송충이 눈에는 솔잎만 보이는지 그중 〈사이언티픽 아메리칸 Scientific American〉(2004년 5월호)이 유독 눈에 띄었다. 그 잡지는 1845년에 창간된 역사가 깊은 과학전문지다. 오래된 역사를 자랑이라도 하듯 50, 100, 150년 전 같은 달에 실렸던 기사 일부를 다시 소개하는 지면이 있었다.

150년 전 그러니까 1854년 5월호에는 범고래에 관한 기사가 실렸다. 지금은 수족관에서도 재롱을 부리는 범고래를 볼 수 있지만, 당시 사람들은 범고래를 잘 몰랐던 것 같다. 뉴잉글랜드에 사는 포경선 선장 로이에스가 모리 대위에게 자기가 보았던 고래 열여섯 종류에 대해 쓴 편지를 보냈는데, 그중 한 종의 이름을 어느 책에서도 찾을 수 없다는 내용이었다. 로이에스 선장은 그 고래 이빨은 뾰족하고, 몸길이는 약 9미터이며, 등 한가운데에 1미터 정도 되는 등지느러미가 솟아 있다고 설명하고 있다. 이 고래를 짰더니 기름이 약 6백 리터 나왔다는 내용도 있다. 로이에스는 다른 큰 고래들을 무자비하게 공격해서 잡아먹는 광경을 보고 그 고래를 '살인고래(killer whale)'라고 불렀다는 내용이었다. 우리는 이 고래를 범고래 또는 '솔피'라고 부르는데, 범고래는 전세계 바다에 살고 있으며 우리나라 동해안에서도 발견된 적이 있다.

관심 있는 기사가 또 있었다. 바로 1989년 알래스카 연안에서 발생한 유조선 엑슨밸디즈(Exxon Valdez)호 사고에 관한 기사였다. 1995년 여수 앞바다에서도 유사한 사건이 있어 그 기사가 특히 눈길을 끌었다. 유조선 시프린스(Sea Prince)호가 좌초되는 바람에 배의 원유가 유출되어 해양생태계 피해 상황을 조사한 적이 있는데 그때 알래스카의 연구기관을 방문하여 피해 상황과 생태계 복원에 대한 자료를 수집한 적이 있었다.

이제 엑슨밸디즈 사고가 일어난 지 15년이 되었다. 사고가 났던 알래스카

해안에서 그동안 청소 작업을 하던 인부들은 다 떠났지만, 해달은 아직 남아 청소를 하고 있다. 알래스카 주도인 주노(Juneau)에 있는 알래스카수산과학연구센터(Alaska Fisheries Science Center)의 라이스 박사는 인간이 중장비를 동원하여 기름에 오염된 해변을 청소하면, 해달이나 바닷새들이 오염된 먹이를 먹을 확률이 줄어들지는 몰라도 다른 생물들의 서식지가 훼손되므로 이런 청소 작업이 과연 현명한 방법인가에 의문을 품는다. 청소 작업이 그렇지 않아도 기름 유출 사고로 피해를 입은 해양생물을 '두 번 죽이는 일'이 될 수도 있다는 것이다.

같은 연구센터의 쇼트 박사는 2001년에 바닷가 모래를 파 본 결과 아직도 독성물질이 들어 있는 기름이 생각보다 많이 남아 있음을 확인하였다. 해달은 바다 밑바닥 펄 속에 사는 조개를 잡아먹는다. 한 마리 해달은 조개를 잡기 위해 1년 동안 구멍을 수천 개나 파고, 하루에 약 5제곱미터 면적의 펄을 파헤친다. 이 과정에서 물 속으로 흘러나온 기름을 미생물들이 분해하기 때문에 자연적으로 청소가 된다.

그러나 해달은 털에 기름이 묻으면 보온능력이 떨어져 얼어 죽는다. 이곳에 살던 해달 중 90퍼센트가 이 사고로 죽은 것으로 알려져 있다. 한편 살아 있는 개체들도 사고 이전에 비해 수명이 10~40퍼센트 짧아졌다. 죽은 해달의 간은 부어 있고 색깔도 변해 있었다. 독성물질 때문에 핏속의 효소 시토크롬 P450-1A도 감소된 것이 조사 결과 밝혀졌다. 알래스카를 방문했을 때 만났던 과학자들이 기사에 나와 반가웠다.

잡지의 기사 중 무엇보다도 반가웠던 것은 우리 동해에 관한 것이었다. 동해를 우리는 동해라고 하지만 일본은 일본해라고 부르기 때문에, 동해 지명을 놓고 국제 사회에서 우리와 일본은 계속 마찰을 빚고 있다. 몇 년 전 우리나라, 미국, 캐나다, 러시아, 일본, 중국 등 북태평양 연안국 해양 과학자들의 모임인 북태평양해양과학기구(PICES)에서 지도에 동해와 일본해를 같이 쓰기로 합의하였으나, 아직도 동해를 일본해로만 표기하는 외국의 문헌이 많다. 그런데 이 잡지는 동해와 일본해를 병기해 놓은 것이다.

독도 명칭이 정확히 표기된 미국 과학 잡지.

1999년 우리나라와 일본의 해양학자들은 미 해군과 함께 그동안 동해에서 해수가 어떻게 순환되었는지를 조사하였다. 이때부터 독도 주변에서 발생하는 냉수성 소용돌이를 '독 콜드 에디(Dok Cold Eddy)'라고 표기하였는데, 독(Dok)은 물론 우리나라의 독도 이름에서 따다 붙인 것이다. 이 잡지에 삽입된 지도에도 울릉도, 독도가 명확히 표시되어 있다. 그런데도 일본은 독도를 다케시마(たけしま)라며 자기네 땅이라고 터무니없이 주장하고 있다. 그러나 안타깝게도 독도를 다케시마로 잘못 표시한 세계지도들이 많다.

오래전에 미국의 어느 해양박물관에 독도를 다케시마로 표시한 지도가 걸려 있어 박물관에서 일하는 사람에게 시정해 달라고 항의한 적이 있다. 고치겠다는 대답은 들었지만, 그후 정말로 고쳤는지는 다시 확인해 보지 못했다. 이런 일은 일개 관람객보다 정부 차원에서 시정을 요구할 문제라고 생각한다.

엄연한 우리 영토인 독도가 엉뚱하게 다케시마로 표시되어 일본 영토처럼 보이는데 이것을 방치하는 것은 국가적인 망신이다.

해양학자들이 예전에는 바다에서 발생하는 소용돌이의 물리적인 특성을 주로 연구하였으나, 최근에는 소용돌이가 해양생물에 미치는 영향을 더 많이 연구하고 있다. 다음 내용은 잡지에 실린 기사를 요약한 것이다.

소용돌이는 식물플랑크톤이 광합성을 하는 데 필요한 영양염류를 공급하여 1차 생산량을 5~50퍼센트 증가시키고 먹이사슬을 통해 수산자원도 늘린다. 해양학자들은 인공위성으로 동해에서 소용돌이가 생기는 것을 확인하고, 1999년 6월부터 2001년 7월까지 직접 현장에 나가 독도 인근에서 소용돌이를 찾았다. 지름이 60킬로미터에 달하는 이 소용돌이는 독도 북쪽에서 생겨 남쪽으로 내려온다. 과거의 장기간 인공위성 자료를 분석한 결과 이 소용돌이는 9년 주기인 것으로 밝혀졌다. 미 해군이 동해까지 와서 이런 연구를 하는 것은 무엇보다도 군사적 목적 때문이다. 잠수함이 이런 소용돌이 뒤에 숨어 있으면 적에게 발각되지 않기 때문이다. 이런 연구는 비단 군사적으로만 중요한 것이 아니라 이곳을 항해하는 선박의 안전과 수산업에도 중요하다.

잡지에서 뜻하지 않은 관심 있는 기사를 여럿 발견하여 비행기를 기다리는 시간이 지루하지 않았다.

비행기를 타기 바로 전에 짐이 비행기에 실렸는지 확인하였다. 예전에 로마로 함께 출장 갔던 일행이 가방을 잃어버려 결국 찾지 못한 경우가 있었기 때문이다. 귀중품은 없더라도 42일 동안 바다에서 생활하는 데 꼭 필요한 물건들이 들어 있어 가방을 잃어버리면 여간 낭패가 아니기 때문이다. 그런 데다

멕시코시티의 택시승차권.

가 로스앤젤레스국제공항 보안 요원이 짐을 검사한 후 가방을 잠그지 말고 부치라고 하여 무척 불안하였다. 거대한 도시 로스앤젤레스를 벗어나자 비행기에서 내려다본 지상의 모습은 거의 황무지에 가까운 누런 사막이었다.

멕시코시티공항에 도착하니 군데군데 빗물이 고여 있는 것이 비가 그친 지 오래되지 않은 듯했다. 떠나기 직전에 인터넷에서 검색해 본 일기예보에 의하면 멕시코시티는 천둥과 번개를 동반한 비가 내릴 예정이었다. 이런 날씨가 4~5일 계속되는 것으로 예보되어 은근히 걱정하던 참이었다. 그러나 구름만 짙게 깔려 있을 뿐 다행히 비가 더는 내리지 않았다.

멕시코에서는 공항택시를 타려면 표를 파는 곳에 가서 행선지를 말하고 구역에 따라 구분된 요금을 지불하여 미리 표를 사야 한다. 그런 후 표를 운전사에게 건네고 행선지를 알려 주면 된다. 가끔 우리나라를 방문한 외국인들이 택시요금 바가지를 쓰고 불평하곤 하는데, 우리나라에서도 시행하면 좋을 제도다.

인천공항을 떠난 지 거의 하루 만인 현지 시각으로 밤 9시경이 되어 멕시코시티에 예약해 두었던 호텔에 들 수 있었다. 요즘은 인터넷의 편리함을 정말 실감할 수 있다. 세계 어느 곳이든지 마음에 드는 호텔을 자기 집 안방에서 예

멕시코시티의 산 증인 소칼로광장.
야경 불빛이 감미롭다.

약할 수 있으니 말이다.

　호텔은 멕시코시티의 역사 중심지 소칼로(Zocalo)광장 인근에 있었다. 호텔 바로 옆에는 메트로폴리탄성당 같은 유명한 곳이 많았다. 호텔에 도착하기 직전 택시에서 내다본 소칼로광장의 야경은 사진에서 본 대로 아름다웠다.

　장시간 여행한 탓에 피곤하였지만 시차로 인해 잠이 쉬 오지 않았다. 해외 출장이 잦은 사람들은 시차 적응을 위해 멜라토닌을 복용하기도 하는데, 나는 그 정도는 아니다. 비행기가 날짜변경선을 넘었기 때문에 시간을 많이 번 하루였다.

5월 15일

아침에 일어나 커튼을 젖히자 눈부신 햇살이 창을 파고들었다. 인터넷에서 본 일기예보가 맞지 않는 것이 왜 그리 반갑던지. 이른 아침에 소칼로광장으로 산책을 나갔다. 호텔을 나서니 푸른 하늘에 뭉게구름이 나그네의 발길을 가볍게 해 주었다.

　어젯밤 야경에 묻혀 있던 광장 주변 건물들이 아침햇살에 제 모습을 당당히 드러내고 있었고, 광장 한가운데에서는 거대한 멕시코 국기가 펄럭이고 있었다. 소칼로광장은 옛날 아즈텍(Aztec)제국의 중심지로 몬테수마궁전이 있던 곳이다. 광장 주변의 대부분 건물들은 스페인 침략으로 부서진 아즈텍제국 신전의 돌을 가져다가 수백 년 전에 지은 것이다.

알라메다공원 안의 예술관.
아침햇살에 대리석 건물이 눈부시다.

광장의 북쪽 편을 막고 서 있는 메트로폴리탄성당은 이곳을 침략한 스페인 사람들이 1500년대에 지은 건축물이다. 이 성당은 아메리카대륙 전체에서 가장 오래된 것이다. 동쪽에는 스페인 통치자들이 사용했던 엄청난 규모의 건물이 자리잡고 있는데, 지금은 대통령 집무실과 박물관으로 사용되고 있었다. 멕시코판 중앙청이라고나 할까. 김영삼 정부 때 철거하기 시작하여 지금은 없어졌지만, 일제 강점기 때 일본 사람들이 경복궁 일부를 헐고 지었던 중앙청을 생각하면 될 것이다. 남쪽에는 정부 건물들이 들어서 있었다. 이른 아침이라 시민들은 드문데, 경찰들이 유독 많아 한 경찰에게 이유를 물어보니 오늘 데모가 있을 예정이라고 했다.

소칼로광장은 러시아의 붉은광장에 이어 세계에서 두 번째로 크다는데, 내 눈에는 그다지 넓어 보이지 않았다. 여의도광장이나 중국의 천안문광장과 견주어 보아도 너무 작아 보였다.

광장 근처에 있는 알라메다(Alameda)공원까지 걸어갔다. 그곳은 숲이 우거지고 분수가 곳곳에서 시원한 물줄기를 뿜어내는 도심 속에 있는 아름다운 공원이었다. 이른 아침이라 사람들이 별로 눈에 띄지 않았고, 걸인인 듯 보이는 초라한 남자만이 벤치를 데우고 있었다. 이름 모를 새들은 자기 세상인 양, 귀가 따가울 정도로 울어 댔다. 이곳은 아즈텍제국 때는 시장터였고, 스페인 식민지 시대에는 죄인들을 처형하던 곳이었다. 떠돌고 있을 수많은 원혼들의 넋을 아름다운 공원을 만들어 위로하려는 것일까? 공원 안에는 1904년부터 짓기 시작하여 1930년대 완공된 아름다운 자태를 뽐내는 예술관이 있었다. 아침 햇살에 하얀 예술관 대리석이 우윳빛처럼 뽀얬다.

아침을 먹고 탐사에 필요한 물품을 몇 가지 구입하고는 꼭 방문하려고 마음
먹었던 국립인류학박물관을 찾기로 했다. 얼마 전 이곳을 다녀오신 어머니께
서 적극 추천하셨기 때문이다. 여느 대도시와 마찬가지로, 짧은 시간에 멕시
코시티를 둘러보려면 시내관광버스를 타는 것이 좋을 것 같았다. 영국 런던에
서 볼 수 있는 빨간색 이층버스를 탔는데 이층에서 내려다보는 거리 풍경이
보기에 괜찮았다. 단지 가로수 나뭇가지에 부딪히지 않도록 한눈만 팔지 않으
면 되었다. 앞쪽에서 안내하는 사람이 나뭇가지에 부딪힐 것 같으면, 뒤에 앉
은 관광객들한테 손을 흔들어 주의를 주었지만, 자칫하다가는 다치기 십상이
었다.

박물관은 차풀테펙(Chapultepec)공원 안에 있었다.
이 공원은 멕시코시티의 숨통을 터 주는 허파와
같은 구실을 한다. 나무가 우거지고 호수가 있
는 아름다운 녹지였다. 차풀테펙은 아즈텍

이층으로 된 멕시코시티 시내관광버스.

(시계 방향으로)조개껍질이 발굴된 무덤, 벽에 그려진 해양생물, 건축물에 새겨진 해양생물. 멕시코 사람들은 오래전부터 실생활에 해양생물을 이용했다.

말로 '메뚜기 언덕'이다. 아즈텍 난민들의 수용소였다
가 귀족들의 여름 휴가지로 바뀌었다. 그곳에는 인류
학박물관 이외에도 자연사박물관·현대미술관·
과학기술박물관·동물원·놀이공원 등이 있다.

태양석.

　인류학박물관은 그 명성에 걸맞게 방문객을 실망
시키지 않았다. 입구로 들어서자 멋들어진 내부와 천장에서 쏟아져 내리는 인
공폭포가 시선을 압도하였다. 영어로 된 설명이 부족하여 아쉬웠지만 전시물
도 방대하고 잘 정리되어 있었다. 이 박물관은 장구한 멕시코 역사를 확신시
켜 주기에 부족함이 없었다.

　관심사가 바다인 만큼 자연히 눈길이 바다와 관련된 전시물로 갔다. '달의
신전' 피라미드에서 발굴된 무덤에는 하나같이 조개껍질이 들어 있었다. 조개
로 만든 장식품도 많이 전시되어 오래전부터 이곳 사람들이 해양생물을 생활
에 활용했음을 알 수 있었다. 이처럼 조개는 식량으로뿐만 아니라 장식품 등
인간의 생활에서 중요한 역할을 해 왔다. 전시된 조각이나 그림에도 조개를
비롯한 바다생물들이 여기저기 들어 있는 것을 확인하였다.

　그러나 관람객들은 아마도 이런 것보다 유명한 아즈텍의 태양석을 더 찾을
것이다. 실제로 태양석은 다른 어떤 전시물들보다 더 대접받고 있는 듯했다.
관람 공간도 훨씬 넓고 설명도 자세하였다. 인류학박물관을 직접 방문하지 못
한다면 인터넷(www.mna.inah.gob.mx)에서 사이버 여행을 즐길 수 있다.

　출장 중에 시간이 나면 빼놓지 않는 일 중 하나가 자연사박물관을 찾는 것
이다. 과학자 티를 내려는 것은 아니다. 역사박물관은 나라마다 전시물이 달

라 새로운 것을 배우는 재미가 있지만, 자연사박물관은 거의 전시 유형이 비슷하고 알고 있는 내용이라 사실 그런 재미는 없다. 그렇지만 전시물이 그 나라의 과학 수준을 판단할 수 있는 척도가 되기 때문에 다른 나라와 전시물을 비교하면서 보면, 색다른 재미가 있다.

자연사박물관은 인류학박물관에서 그리 멀지 않은 곳에 있었다. 잔뜩 기대하였으나, 박물관은 실망 그 자체였다. 박물관 건물은 마치 돔을 연결해 놓은 것처럼 상당히 독특하게 지어졌으나, 전시물 수준은 형편없었다. 물론 뉴욕이나 워싱턴의 자연사박물관 수준을 기대한 것은 아니었지만……. 그래도 인상적이었던 것은 많은 학생들이 그곳을 방문하여 공책에다 무엇인가를 열심히 적고 있었다는 것이다. 관리들이 이런 모습을 보았더라면 더 투자해서 좀더 좋은 박물관을 짓지 않았을까 하는 생각이 들었다. 하긴 아직 변변한 자연사박물관 하나 없는 대한민국 국민으로서 나무랄 일은 아니다.

멕시코 수도인 멕시코시티는 일본 도쿄, 미국 뉴욕에 이어 세계에서 세 번째로 큰 도시로, 현재 2천2백만의 인구가 살고 있다. 멕시코시티를 둘러보면서 가장 부러웠던 것은 길거리에 분수와 조각품이 많다는 것이다. 이것이 이 도시가 한결 부드럽고 따뜻하게 느껴진 이유기도 했다.

호텔 방에는 아름다운 사진이 담긴 멕시코의 관광안내책자가 비치되어 있었다. 호텔을 나갈 때 가지고 가는 사람이 많아서인지 책이 필요하면 인터넷 (www. travelguidemexico.com)에서 주문할 수 있다고 책 여러 곳에 써 놓았다. 소장할 가치가 있는 책이니, 여행을 마치고 돌아가면 주문해야겠다.

멕시코시티의 자연사박물관.
전시물 수준이 형편 없었으나 우리나라는 그런 박물관조차 없으니 나무랄 처진 아닌 듯하다.

드디어 막시오에 도착한 낙곡이 엮기가 사나브로 정해진다.

멕시코시티에서 비행기를 타고 만사니요로 향했다. 하늘에서 내려다본 멕시코시티는 회갈색의 거대한 시멘트숲이었다. 고도가 높고 건조한 탓인지 녹색 식물은 거의 눈에 띄지 않았다. 회갈색 바다에 작은 섬처럼 녹지가 군데군데 눈에 띌 뿐이었다. 어제 방문했던 인류학박물관이 있는 차풀테펙공원의 싱그러운 초록이 사막의 오아시스처럼 반가웠다. 1시간 30분 가량 날아가니 사진으로 낯이 익은 만사니요 해안선이 눈에 들어왔다. 멕시코와 태평양이 만나는 해안 백사장에서는 나란히 밀려온 파도가 하얗게 부서지고 있었다.

공항에서도 멕시코시티에서처럼 행선지를 말하고 미리 표를 끊은 다음 택시를 탔다. 택시운전사는 말 한마디 없던 멕시코시티 운전사와는 영 딴판이었다. 어디서 왔느냐고 묻기에 한국에서 왔다고 하니 금세 "안뇽하세여?"라고 한다. 로스앤젤레스에서 20여 년을 살았다는 이 운전사는 "안뇽하세여?", "가무사합니다!", "이거 영어로?"와 같이 몇 마디 우리말을 할 줄 알았다. 거기다가 유머 감각도 뛰어나 호텔로 가는 1시간이 지루하지 않았다. 인구가 적어서인지 그 택시운전사는 마주치는 거의 모든 차들에게 수인사를 했다. 그중 어떤 사람은 자기 친구란다. 길 가던 사람들에게도 손을 들어 아는 체를 했다. 산티아고라는 작은 마을을 지날 때는 자기 집이 그 근처에 있다고 알려 주는가 하면 길 건너던 세뇨리타(스페인어로 아가씨란 뜻)를 가리키며 예쁘지 않느냐고 물어보기도 했다. 아는 동네 처녀인 모양이었다.

길가에는 눈부신 햇살 아래 저마다 진분홍색 꽃을 뽐내는 부겐빌레아

부겐빌레아로 화사한 만사니요항.

[bougainvillea]와 유도화, 그리고 핏빛보다 더 붉은 히비스커스꽃이 있었다. 여기에 이름 모를 노랑색 꽃까지 어우러져 남국의 화려함이 한껏 느껴졌다. 그러나 주변 산빛은 열대지방에서 볼 수 있는 녹색이 아니라 온통 갈색뿐이었다. 1년 중 거의 350일은 비가 오지 않아서 그렇단다. 그렇지만 우기가 되는 6월이 되면 이곳은 금세 열대우림으로 탈바꿈하여 딴 세상이 된다고 한다. 이 때를 맞춰서 오는 관광객들은 녹색 풍경을 보지만, 대부분 관광객들은 황무지처럼 변한 갈색 풍경만을 보고 간다. 우기라고는 하지만 우리나라 장마철처럼 며칠 내내 비가 내리는 것은 아니고, 사나흘 온다.

호텔에 도착하니 지배인 역시 친절하였다. 이런 친절에 익숙하지 않아서인지 오히려 불편할 정도였다. 이 호텔에는 몇 가지 인상적인 규칙이 있었다. 투숙객들은 로비에 마련된 병이나 캔 음료수를 자기 마음대로 꺼내 마시고, 뚜껑이나 따개를 자기 방 번호가 쓰인 항아리에다 담아 둔다. 그러면 나중에 방 값 계산할 때 같이 계산된다. 그리고 종업원들에게 팁을 직접 주지 않고 나중에 호텔 나갈 때 팁 넣는 나무통에 주고 싶은 만큼 넣도록 돼 있다. 그래야 모든 종업원들이 공평하게 나누어 가질 수 있다. 안 보이는 곳에서 열심히 일하는 종업원들은 그렇게 안 하면 팁을 못 받는다는 게 지배인의 설명이었다. 모든 종업원을 배려한 좋은 방법인 것 같다. 호텔은 1957년에 지어졌다고 하니 나보다 한 살 더 많은 형뻘이다.

지배인이 미리 도착한 하와이대학교의 크레이그 스미스 교수가 저녁을 같이 먹자고 메시지를 남겨 놓았다고 알려 주었다. 자메이카 킹스턴에서 열렸던 국제해저기구(ISA) 회의 때마다 크레이그를 자주 만났고, 2003년 10월 제주도에서 열렸던 국제회의 때도 본 적이 있어 그와는 친분이 있다.

크레이그와 영국 자연사박물관에서 온 아드리안, 이탈리아 출신으로 역시 영국 자연사박물관에서 일하고 있는 가브리엘라, 일본해양과학기술센터 (JAMSTEC, 2004년 4월 독립행정법인 해양연구개발기구로 개칭)에서 온 마사시 등과 바닷가에 있는 식당에서 저녁을 먹으며 즐거운 시간을 보냈다. 피곤해서인지 눈에 난 다래끼

만사니요에서 묵었던 호텔.
종업원들한테 팁을 공평하게 나누어 주는 규칙이 인상적이었다.

가 오랫동안 낫지를 않아 그동안 술을 마시지 않고 조심했었는데, 오늘은 모처럼 테킬라로 만든 칵테일인 마가리타를 마셨다. 테킬라의 본 고장에 와서 잔 주변에 소금을 묻힌 원조 마가리타를 안 마실 수가 없었다.

크레이그는 탐사에 사용할 물건들을 화물선 편으로 만사니요로 부쳤는데 이 짐이 파나마로 가 버려 물건을 다시 구입하느라 법석을 피웠다고 하였다. 나도 아탈랑트가 만사니요에서 출발한다는 연락을 처음 받았을 때 만사니요가 멕시코에도 있고 쿠바에도 있다는 사실을 지도에서 찾아보고 알았다. 아마 파나마에도 만사니요라는 곳이 있는 모양이다. 만사니요라는 지명은 이곳에서는 흔한 나무 이름에서 유래됐다.

일과가 끝난 호텔 지배인 로베르토까지 나중에 합석하여 이야기꽃을 피웠다. 로베르토는 자기 딸이 미국의 하버드대학교를 비롯해 네 개의 명문대학교에서 합격통지서를 받았다고 자랑이 대단했다. 유학을 생각하고 있는 고등학생 딸이 있는 나는 은근히 로베르토가 부러웠다. 2년 후에 나도 같은 기쁨을 맛볼 수 있을까? 자식 자랑으로 부모 어깨에 힘이 들어가는 것은 세계 어느 곳을 가더라도 마찬가지인 것 같다. 동서고금, 이념을 불문하고 말이다. 예전에 중국에서 열린 국제학회에서 만난 북한의 과학자가 침이 튀도록 자식 자랑에 열을 올리는 모습을 보면서 이념이 다르더라도 자식 생각하는 부모의 마음은 모두 같다는 사실을 새삼 깨달았다.

자식 자랑에 신이 난 로베르토는 밤 12시가 넘었는데도 자기 차로 만사니요의 야경을 구경시켜 주겠다고 앞장섰다. 아침 6시 30분에 딸을 학교에 데려다 줘야 한다면서……. 만사니요에서 가장 멋있는 동네는 라스 하다스(Las

Hadas)라는 곳인데, 그곳에는 로마네스크풍의 고급 주택들이 동화 속 마을처럼 아기자기하게 펼쳐져 있었다. 1980년대 초에 만들어진 영화 〈텐(10)〉의 배경이 되었던 곳이란다. 영화 제목은 어렴풋이 기억나지만 본 적이 없어서인지, 로베르토의 설명이 그다지 실감나지 않았다. 언제 기회가 되면 오늘 밤의 기억을 되살리면서 그 영화를 봐야겠다.

로베르토는 방송국의 디제이(DJ)로도 일한 적이 있었다. 호텔로 돌아오는 길에 자기가 진행했던 음악프로그램을 녹화한 카세트를 틀어 주었다. 직접 듣는 목소리보다 방송에서 나오는 목소리가 훨씬 멋있게 들렸다. 내가 좋아하는 1950~60년대 팝송이 주로 나와 돌아오는 길이 흥겨웠다.

5월 17일

아침에 만사니요 항구에 정박해 있는 아탈랑트로 짐을 옮겼다. 42일간의 긴 탐사 일정으로 모두 짐이 상당했다. 고맙게도 로베르토가 자기 차로 짐을 배까지 실어다 주었다. 항구가 가까워지자 항구에 산처럼 높이 쌓여 있는 컨테이너들이 보였다. 그 가운데는 한진해운 것도 있었다. 이곳에는 우리나라에서 오는 컨테이너들이 아주 많다고 한다. 예전에는 북미대륙으로 가는 화물들이 로스앤젤레스항으로 직접 들어갔으나 노조의 파업 이후 상당량이 이곳 만사니요를 거쳐 미국으로 들어간다. 만사니요는 얼핏 보면 작은 항구처럼 보이지만, 야적된 컨테이너 양을 보면 태평양 연안에 있는 멕시코 항구 중 가장 큰

출항 전 아탈랑트. 잠시 호흡을 가다듬고 있다.

항구다웠다.

아탈랑트는 음파를 이용해 지구물리 탐사를 하고 해양생물학·물리학을 연구할 목적으로 1989년 건조되었다. 이 배는 3천5백60 톤으로 수심 6천 미터까지 잠수할 수 있는 유인잠수정 노틸과 무인잠수정 빅터(Victor)6000의 모선이기도 하다. 길이는 84.60미터, 폭은 15.85미터며, 속력은 최고 시속 15.3노트까지 낼 수 있는데 평균 속도는 11노트다. 1노트는 배가 1시간에 1해리(약 1,852미터)를 가는 속도이므로, 11노트면 1시간에 약 20킬로미터를 갈 수 있다. 배를 운영하는 인원은 탐사 종류에 따라 열일곱 명에서 서른 명까지고, 과학자들은 최대 서른세 명까지 탈 수 있다.

이 배에는 각종 첨단 장비가 설치되어 해류·수온·염분과 같은 바닷물의 물리, 화학적 특성은 물론 수심·해저 지형·중력장·자기장 등을 측정할 수 있다. 물론 생물과 퇴적물을 채집할 수 있는 장비들도 실려 있다. 또한 물을 사용할 수 있는 실험실('젖은 실험실'이란 뜻으로 웨트 랩 wet lab으로도 부른다)·무균실험실·저온실험실·다용도실험실·암실·시료분석실 등 여덟 개의 실험실과 각종 자료를 처리, 분석할 수 있는 컴퓨터실이 다섯 개 있다. 이 배는 컴퓨터로 자동 항해하며, 실시간으로 모든 해양학 자료를 얻을 수 있다.

방을 배정받고 짐을 정리하니 마음이 놓였다. 속옷은 침대 밑 서랍에 넣고 겉옷은 옷장에 걸고, 읽으려고 가져온 책들은 책꽂이에 꽂고 자질구레한 소품들은 책상 서랍에 넣고, 세면도구들은 욕실에 가져다 놓고 책상에는 노트북컴퓨터와 자명종을 올려 놓았다. 한창 짐을 정리하고 있는데 이번 탐사의 팀장인 프랑스 국립해양개발연구소의 조엘 갈레롱 박사가 방으로 찾아왔다. 조엘

아탈랑트의 필자 방. 창밖은 드넓은 바다다.

갈레롱은 예전에 영국 케임브리지에서 열렸던 국제해저기구 워크숍에서 처음 만났고, 지난 4월에 이번 탐사를 협의하기 위해 프랑스 브레스트를 방문했을 때도 만났다. 조엘 갈레롱은 배의 이곳저곳을 안내해 주었다. 식당과 휴게실 등은 아주 훌륭했다. 이번에 타기로 한 노틸도 배의 후미에 실려 있었다.

저녁에 아드리안이 맥주 마시러 나가자고 찾아왔으나, 어제 오랜만에 마신 테킬라 때문인지 눈이 약간 부어올라 쉬기로 하였다. 자기 전에 프랑스의 유명한 해양탐험가이자 스쿠버 장비를 개발한 '쿠스토(Cousteau)'에 관한 책을 읽기 시작했다.

5월 18일

배에서 첫 아침을 맞았다. 침대 폭이 한국해양연구원 연구선 온누리호 것보다 조금 더 넓어 편했다. 아침에 일어나 항구 주변 공원으로 산책을 다녀왔더니 침대 이불이 깨끗이 정돈되어 있었다. 아마도 그사이 청소하고 간 모양이다.

예상치 않았던 일이었다. 베갯머리에 팁이라도 올려 놓아야 되나?

오전에는 멕시코를 떠나기 전에 가지고 있던 페소화를 다 사용하려고, 배 안에서 먹을 간식과 식구와 친구들한테 줄 기념품을 사기 위해 시장에 갔다. 다른 사람들도 시장에 와 있었다. 시장이 좁아서 일행들과 몇 번이나 마주쳤다.

오후 1시에 출항할 예정이었으나, 실어야 할 장비가 도착하지 않는 바람에 오후 4시에 출항하기로 하였다. 그러나 또다시 6시로 연기되었다. 그런데 6시가 되어도 배는 움직일 줄 몰랐다. 모두 출항을 기다리느라고 지루한 모양이었다. 그 틈에 글을 쓰고 있는데, 마사시가 몇이 모여서 술을 마시고 있으니 같이 가자고 했다. 다래끼 때문에 안 마시는 게 좋을 것 같다고 정중히 거절하고, 마사시에게 사정을 잘 이야기해 달라고 부탁하였다.

그런데 조금 있으려니 또다시 조엘 갈레롱과 아드리안이 방문을 두드렸다. 같이 술 한잔하자고 했다. 참 난처했다. 술을 좋아하니 고문 중에 그런 고문이 없다. 그렇지만 그저께 테킬라와 포도주를 마신 후 눈이 더 부은 것 같아 눈이 다 나을 때까지는 절주하기로 독하게 마음먹었다. 조엘 갈레롱은 배에 의사가 타고 있으니 내일 병원에 가 보라고 하고, 아드리안은 항생제를 가져왔다면서 주겠다고 했다. 모두 신경을 써 주어 고마웠다.

과학자들은 7시부터, 승무원들은 8시부터 저녁을 먹는다. 식당이 붐비는 것을 막기 위해 시간을 다르게 한 것이다. 음식은 일류 레스토랑 수준과 다름없었다. 전채, 앙트레, 메인요리, 디저트를 다 갖춘 풀코스로 나왔다. 전채와 디저트는 각자 가져다 먹고, 앙트레와 메인요리는 웨이터가 가져다준다. 음식이 입맛에 맞았다. 세계 여기저기 출장을 많이 다녀 웬만한 음식은 가리지 않는 편이라, 외국 출장 중에도 음식 걱정은 별로 하지 않는 편이다. 단지 점심과 저녁에는 와인도 곁들여지는데 눈 때문에 마시지 못하는 것이 안타까울 뿐이었다.

대부분의 경우 한번 길들여진 입맛을 바꾸기가 쉽지 않은 모양이다. 오래전 뉴욕에서 유학생활을 할 때 한국에서 친구나 손님들이 오면 공항으로 곧잘 마중을 나갔는데 어떤 분들은 비행기에서 내리자마자 청국장을 먹으러 가자고 했다. 한국을 떠난 지 불과 10여 시간밖에 안 되었는데 길들여진 입맛을 배신할 자신이 없었던 모양이다. 뉴욕에도 된장찌개를 파는 한국식당은 많지만, 설령 맛있더라도 과히 좋은 냄새라고 할 수 없는 청국장을 하는 집을 본 적이 없어 그럴 때마다 당황했다.

식탁에는 소금과 후추는 물론 타바스코소스와 간장, 케첩, A-1스테이크소스 등이 보였다. 타바스코소스는 느끼한 외국 음식에 질려 매콤하고 칼칼한 맛이 그리울 때 꿩 대신 닭이라고 고추장 대신 내가 즐겨 먹는 소스다. 기코만 간장도 혀에 익숙한 상표다. 우리나라에서는 물 좋은 마산에서 만들었다는 몽고간장, 샘표간장 등을 먹었지만 외국에서 생활할 때는 기코만간장을 먹었다. 기코만은 만 년을 산다는 거북의 등껍질을 뜻하는 상표로 일본간장이다. 케첩은 잘 알다시피 중국에서 만들어져 전세계로 퍼져 나간 토마토소스다. 서양 사람들은 후추와 같은 향신료를 얻기 위해 그 험한 바다를 건너 아시아로 배를 보냈다. 그리고 보니 미식가라고 알려진 프랑스 사람들의 식탁을 동양에서 만든 소스가 장악하고 있었다.

저녁을 먹고 방으로 올라오니 배가 막 부두를 떠나고 있었다. 떠난다는 안

만사니요 거리.
만사니요는 그곳에서 흔한 나무 이름이다.

이제 육지와 작별할 시간이다. 안녕, 만사니요.

내방송도 없었고, 또 배가 아주 조용하게 밥 먹는 동안 출발해서 눈치조차 채지 못하였다. 항구에는 사람들이 몰려나와 출항하는 것을 구경하고 있었다. 육지를 떠나는 것이 아쉬워 모두들 갑판에 나와 기념 촬영을 하였다. 이제는 42일 뒤에나 태평양 반대편의 육지를 밟을 수가 있다.

만사니요 항구의 불빛이 자꾸 뒷걸음질치고, 저녁노을은 바다를 붉게 물들이다 금세 풀이 죽었다. 어둠이 배 주변으로 스멀스멀 내려앉았다. 9시가 조금 넘어 육지에서 어느 정도 멀어지자 배가 흔들리는 게 느껴졌다. 경험상 이제부터 바다생활에 적응할 때까지 이삼 일은 멀미와 변비로 힘들 것이다.

5월 19일

『캡틴 쿠스토』를 읽다가 자정 무렵 잠이 들었는데, 새벽 1시 30분에 눈이 떠졌다. 배가 흔들려 속이 편하지 않았다. 창밖을 내다보니 낯익은 별자리가 눈에 들어왔다. 북두칠성이 수평선 가까이 떠 있었다. 멀미약을 먹은 후 책을 읽다가 3시경 다시 눈을 붙였다. 일어나니 7시경이었다. 그사이 구름이 몰려왔는지 하늘은 구름으로 덮여 있었다.

글을 쓰고 있는데 청소하러 와서 방을 비워 주었다. 매일 아침 청소해 주는 것은 고마운데, 한편으로는 귀찮기도 하였다. 10시부터는 선상안전훈련이 있었다. 조타실이 있는 브리지(선교)에 전체 인원이 모여 배에서 화재나 사고가 났을 때 탈출하는 요령에 관해 교육을 받았다. 교육 후에는 시험지를 돌려 내용을 잘 숙지했는지 확인하였다. 오후에는 실제 대피훈련이 있었다. 배에서 탈출할 때 탈 구명보트가 있는 곳을 미리 확인해 두었다. 배의 구조가 미로처럼 되어 있는 데다가 처음 타는 배라 길을 잃기 십상이기 때문이다.

식당 게시판에 프랑스어로 점심 메뉴를 잔뜩 써 놓았는데, 대부분 어떤 요리인지 잘 모르는 것이었다. 그렇지만 맛은 좋았다. 집을 떠날 때 혹시나 입맛이 없으면 먹으려고 볶은고추장을 가져왔는데, 아마도 먹을 일이 없을 것 같다. 아침은 흔히 그렇듯이 커피와 빵·과일로 때우지만, 점심과 저녁으로 프랑스요리를 한 달 이상 먹을 것을 생각하니 흐뭇했다. 식당 테이블을 보니 온누리 식탁과 다른 점이 눈에 띄었다. 흔들리는 배의 식탁에서는 그릇들이 미끄러져 떨어질 수 있으므로, 온누리 식탁 가장자리에는 낙하방지턱이 위로 돌출되어 있다. 그래서 불편할 때가 많았다. 그런데 아탈랑트 식탁의 낙하방지턱은 파도가 심하게 쳐서 배가 흔들릴 때만 밀어 올리도록 되어 있었다.

방에 가만히 있으면 멀미가 더 나므로, 점심을 먹은 후에는 프랑스 국립해양개발연구소의 르네이크와 젊은 알렉시의 실험 준비를 도와 주었다. 이 실험은 먹이가 부족한 심해 바닥에 사는 생물들이 유기물량에 따라 어떻게 군집을 이루는지 관찰하는 것이 목적이다. 심해생물들은 칠흑 같은 어둠 속에서 냉장고 속처럼 수온이 낮고, 압력이 엄청나게 높으며, 먹이가 부족한 상태에서 산다. 깊은 바닷속에는 먹이가 부족하므로 대부분 심해생물은 표층에서 죽어 가라앉은 동물의 사체를 먹는다.

이 실험에서는 크기가 40~70마이크로미터인 규소 성분의 인공 퇴적물에 곱게 간 생선가루를 양을 서로 달리 첨가하여, 먹이양이 어느 정도일 때 갯지

실험을 준비하는 젊은 알렉시(왼쪽)와 르네이크(오른쪽).
심해생물들이 먹이양에 따라 어떻게 군집을 이루는지 알아보는 실험이다.

렁이 같은 심해생물들이 새로운 군집을 가장 잘 만드는지 조사한다. 이 실험 장치는 이번 탐사 기간 동안 태평양 바닥에 설치해 놓았다가 2005년에 온누리 가 태평양으로 탐사 나갈 때 함께 갈 프랑스 과학자가 회수한다.

4시 30분경. 갑자기 퇴선을 알리는 경보음이 울렸다. 비상탈출훈련이었다. 오전에 보아 두었던 구명보트가 있는 쪽으로 갔다. 다른 사람들도 자기가 탈 구명보트 있는 곳으로 하나 둘 모였다. 만일을 대비하여 한 사람당 구명보트 두 대가 배당되었다. 한 구명보트가 제대로 퍼지지 않거나 문제를 일으켰을 때를 대비한 것이다. 조장이 같은 구명보트에 탈 인원을 확인하고 퇴선시 주 의사항에 대해 이야기한 후 우리는 해산했다.

훈련 후에는 과학자와 선원들이 컴퓨터실에 모두 모여 각자 자기소개를 한 후 앞으로 일정과 탐사 작업 내용을 협의하였다. 해양지질학자인 필립이 지도 를 내놓았다. 프랑스는 북동태평양에 있는 자국의 단독 개발 광물 자원 광구 에 대한 상세한 지도를 가지고 있었다. 축척 5만 분의 1 지도에는 해저 지형의 높낮이를 보여 주는 등고선이 촘촘히 그려져 있었고, 망간단괴의 부존량과 상 태에 따라 노랑·녹색·파랑 등 색깔별로 해저를 구분해 놓았으며, 시험적으 로 망간단괴를 채광한 곳과 유인잠수정에서 찍은 해저면 사진을 통해 분석한 망간단괴의 양도 아주 상세하게 표시되어 있었다. 앞으로 우리나라도 심해저 자원을 개발하기 위해서는 이와 같이 상세한 지도를 만들어야 한다.

회의가 끝난 후에는 선내 컴퓨터실을 담당하는 이봉에게 내 이메일 주소도 확인하고, 이메일 보내는 방법도 물어보았다. 프랑스에서 사용하는 컴퓨터는 자판이 우리 것과 다르고, 윈도XP도 프랑스어라 사용하기가 낯설었다. 이메

탐사 계획 회의. 심해저 자원을 개발하려면
우리나라도 프랑스처럼 우리 광구에 대한 상세한 지도를 제작해야 한다.

일 보내는 방법을 배우고 나서, 한국해양연구원 심해저자원연구센터에 탐사가 시작되었다는 소식을 보냈다. 이봉은 해상통신에 사용되는 인마르샛(INMARSAT)위성으로 메일을 보내는 만큼 용량이 크면 전송에 문제가 있다고 했다. 사진처럼 용량이 큰 파일을 보낼 때 자기한테 이야기하면 압축해서 보내주겠다고 했다.

5월 20일

눈을 뜨니 햇살이 눈부셨다. 어제는 일어났을 때 몸이 무거웠는데 오늘은 어제보다 훨씬 가벼웠다. 중간에 깨지 않고 숙면한 탓이리라. 좋은 아침이었다. 육지에서 생활할 때는 하루에 채 6시간을 못 잤다. 밤 11시가 넘어 학교에서 돌아오는 딸을 본 후에야 잠자리에 들고 아침에는 5시만 되면 눈이 저절로 떠졌기 때문이다. 새벽잠이 없어서 아침 일찍 일어나는 데 별 어려움이 없다. 그래서 늘 남들보다 일찍 출근하는데 막히는 출근길을 피하기 위해서기도 하지만, 그러면 기분도 상쾌하고 일의 능률도 오른다. 남들 출근할 때 같이 출발하면 길이 막혀 시간과 기름값도 낭비하고, 얌체같이 끼어드는 차에 화낼 일만 많았다. 기껏해야 몇 분 차이인데 왜들 그리 서두르는지 모르겠다. 그렇다고 뭐 빨리 갈 수 있는 도로 사정도 아니지 않은가. 교통전쟁을 치르면서 출근하면 하루 일과가 피곤하게 마련이다.

선상생활이 쉬운 것은 아니지만, 좋은 점 중의 하나는 눈 뜨면 바로 출근이

라는 것이다. 하루 2시간씩 출
퇴근에 시간을 허비할 필요없
이, 내 방에서 나가면 출근이
요 들어오면 퇴근이니 이보다
더 좋을 수가 없다. 또한 잦은
전화와 방문객, 회의 등으로
하루가 눈 깜짝할 사이에 지
나가 버리는 연구원에서의 생
활에 비해, 배에서는 내 시간

아페리티프 미팅. 사람들과 사귈 수 있는 좋은 시간이다.

이 많았다. 그동안 바빠서 하지 못했던 책도 읽고, 글도 쓰고, 운동도 할 수 있
다. 배의 특성상 탐사가 시작되면 24시간이 근무 시간이지만, 그래도 짬짬이
쉴 수 있어 그리 큰 부담은 없다. 몸은 좀 피곤해도 정신적으로는 여유를 누릴
수가 있다. 이렇게 나는 재충전할 기회를 얻었지만, 연구원 동료들에게 일을
떠넘기고 와서 마음이 가볍지만은 않았다.

　오전에는 탐사 지역에서 할 일에 관해 의견을 나누었다. 지금 배가 11.5노트
로 남서쪽으로 가고 있으므로, 첫 번째 탐사 장소에는 24일 월요일 새벽에 도
착할 것이다.

　매주 목요일 11시에는 점심 먹기 전에 모두 모여 포도주나 칵테일을 마시며
이야기를 나누는 아페리티프 미팅이 있는데 조엘 갈레롱이 같이 가자고 하였
다. 아페리티프는 식사 전에 입맛을 돋우기 위해 마시는 술이나 칵테일을 말
한다. 사실 이런 것 없어도 입맛만 좋던데. 오늘이 마침 스페인 출신으로 독일

해양생물다양성연구센터에서 일하는 페드로의 서른다섯 번째 생일이기도 하여 모두 축하해 주었다. 아페리티프 미팅 시간은 처음 만난 사람들끼리 서로 사귈 수 있는 좋은 기회다.

점심에는 훈제연어요리가 전채로 나왔고, 뒤이어 햄을 이용한 요리와 쿠스쿠스를 곁들인 케밥이 앙트레로 나왔다. 쿠스쿠스는 아프리카 북부지방에서부터 아라비아반도까지 아랍 국가에서 널리 먹는 음식으로, 모로코 말이라고 한다. 우리가 쌀로 지은 밥을 주식으로 하듯이 이들 국가에서는 밀가루로 만든 좁쌀 같은 것에 야채고기볶음을 얹어 먹는데 이것이 쿠스쿠스다. 케밥은 우리나라 산적요리처럼 꼬챙이에 고기와 여러 가지 야채를 끼워서 구운 것이다.

오후에는 별다른 작업이 없어 『캡틴 쿠스토』를 계속 읽었다. 프랑스 책을 우리말로 번역한 것인데 바다생물들 이름이 잘못된 곳이 군데군데 있었다. 대부분 번역가들이 문학 전공자라서 생소한 생물 이름이 많을 것이다. 그럴 때는 전문용어집이나 생물도감 등을 참고하거나 전문가에게 확인해 보는 것이 바람직하겠다. 나도 번역하다 보면 가장 어렵고 귀찮은 일이 전문용어나 생물 이름을 일일이 찾아보고 확인하는 것이었다.

이봉, 마사시와 한 테이블에서 저녁을 먹었다. 이봉은 켈트족의 후예로 배의 컴퓨터를 담당하는 기술자다. 탐사 일정이 끝나면, 도쿄로 가서 일주일 동안 휴가를 즐길 예정이란다. 이번에 처음으로 일본에 가는 거라 무척 기대하는 눈치였다.

이봉은 우리나라, 일본, 중국 세 나라가 다 같을 거라고 생각하고 있었다. 마치 우리가 프랑스, 영국, 독일, 이탈리아가 모두 유럽 국가니 다 비슷비슷할

비틀넛.

거라고 쉽게 생각하는 것처럼 말이다. 그래서 입에 거품을 물면서 세 나라가 프랑스와 영국처럼 얼마나 다른지 설명해 주었다.

이러저러한 이야기 끝에 이봉이 한국과 일본 사람들도 비틀넛을 씹느냐고 물었다. 비틀넛은 대추처럼 생긴 나무 열매인데, 나도 최근에 마이크로네시아연방공화국으로 출장을 가면서 알게 되었다. 괌이나 마이크로네시아 원주민들은 우리나라 사람들이 담배를 피우듯이 비틀넛을 기호품으로 즐겨 씹는다. 이 열매에는 환각 성분이 들어 있어 씹으면 기분이 좋아진다고 한다. 그런데 씹고 나면 입술과 이가 빨갛게 물들어 별로 보기 좋지 않은 것이 흠이다. 마치 피 빨아먹던 흡혈귀처럼 보인다.

마이크로네시아 사람들이 한번 씹어 보라고 권하였지만 입술이 물드는 것이 싫어서 거절하였다. 한 번 정도로는 물들지 않는다고 하였지만, 어쩐지 꺼림칙하였다. 길바닥도 비틀넛을 씹다 버려 온통 붉게 물들어 있었다. 아무데나 뱉어 놓은 껌 때문에 꺼멓게 보기 흉했던 예전의 우리나라 길바닥처럼 말이다. 그래선지 마이크로네시아의 네 주 가운데 하나인 야프(Yap)에서는 아예 공항 바닥을 빨간색으로 칠해 버렸다. 그런데 이봉이 뚱딴지같이 왜 비틀넛 이야기를 꺼냈는지 모르겠다. 설마 우리나라나 일본 사람들을 열대 태평양의 원주민들처럼 생각하는 것은 아니겠지?

이봉이 오늘 밤 자정이 되면 시계를 1시간 돌려놓으라고 알려 주었다. 12시가 다시 11시로 되는 것이다. 그동안 배가 계속 서쪽으로 이동했기 때문이다. 지구의 경도는 360도고 하루는 24시간이기 때문에, 경도 15도에 1시간씩 차이가 난다. 즉 배가 15도만큼 경도를 따라 서쪽으로 움직이면 1시간이 늦어지고, 동쪽으로 움직이면 1시간이 빨라진다. 오늘 밤은 수면 시간을 1시간 더 번 셈이다. 서쪽으로 많이 와서인지 9시가 넘었는데도 하늘이 환했다.

5월 21일

구름이 수평선을 짓누르고 있었다. 햇살이 구름 틈을 비집고 바다로 쏟아져 내렸다.

지난주 금요일 집을 떠났으니, 이제 일주일이 지났다. 7주일의 출장 일정에서 7분의 1을 보낸 것이다. 출근이랄 것도 없지만 방에서 나와 2층 위에 있는 컴퓨터실로 갔다. 내 방이 3층에 있으니 컴퓨터실은 5층인 셈이다.

아마도 요즘 대부분 사람들은 출근하자마자 이메일부터 확인할 게다. 나 역시도 버릇처럼 제일 먼저 이메일부터 확인하였다. 물론 아직 나한테 올 이메일이 없을 테지만. 뜻밖에도 편지가 네 통이나 와 있었는데 모두 선내에서 온 것이었다. 컴퓨터 사용에 관한 내용 같은데 프랑스어로 쓰여 있어 별 도움이 안 되었다.

11시부터는 탐사 회의가 있었다. 월요일 아침 일찍 탐사 해역에 도착하므로 이에 대비한 것이었다. 탐사 해역의 해저 지형도를 펼쳐 놓고, 유인잠수정이 내려갈 곳과 각종 조사 장비를 투하할 지점, 그리고 조사해야 할 항목 등을 정하였다. 조사할 지점은 동쪽 광구로 서경 130도, 북위 14도 부근이다. 프랑스는 동쪽 광구 이외에도 서경 150도, 북위 9도 근처에 서쪽 광구를 가지고 있어, 심해저 광물 자원 단독 개발 광구가 북동태평양에 모두 두 곳이다.

심해저 광물 자원이란 말 그대로 수심이 깊은 심해 바닥에 있는 광물 자원을 말한다. 이 중 현재 세계 여러 나라가 개발하려는 것은 망간단괴, 망간각, 해저열수광상 등이다. 이 밖에도 바다에는 석유, 천연가스, 메탄수화물 등과 같은 광물 자원도 있다. 세계 여러 나라가 앞다투어 심해저 광물 자원을 개발하려고 하는 것은, 육상 광물 자원이 고갈될 경우 인류가 사용할 수 있는 것은 심해 광물 자원밖에 없기 때문이다.

망간단괴는 수심 4,000~6,000미터 바다 밑바닥에 널려 있는 감자 모양의 덩어리로, 그 안에 망간 · 코발트 · 구리 · 니켈 · 철을 포함하여 40여 종에 달하는 유용한 금속이 들어 있다. 해수와 퇴적물이 함유한 금속 성분이 아주 느리게 나이테처럼 동심원을 이루면서 침전되어 마치 나무가 자라듯 100만 년에 수밀리미터씩 커진다. 망간단괴는 특히 북동태평양의 클라리온-클리퍼턴 해역(Clarion-Clipperton Fracture Zone)에 많다. 이 해역은 멕시코령 클라리온 섬과 프랑스령 클리퍼턴 섬 사이를 지칭한다.

우리나라도 북동태평양에 남한 면적의 4분의 3 크기인 7만 5천 제곱킬로미터에 달하는 단독 개발 광구를 2002년 유엔(UN) 국제해저기구에서 할당받았다. 비록 바닷속 땅이지만, 대한민국 최초의 해외 영토를 얻은 셈이다. 이곳의 망간단괴 매장량은 약 4억 2천만 톤으로 추정되며, 연간 3백만 톤을 캐내더라도 백 년 이상 채광할 수 있는 막대한 양이다.

또 다른 심해저 광물 자원인 망간각은 수심 800~2,500미터에 있는 해저산

대표적인 심해저 광물 자원. (왼쪽부터)망간단괴, 해저열수광상, 망간각.

의 경사면을 덮고 있다. 망간각은 바닷물 속에 녹아 있는 금속이 침전되어 역시 100만 년에 수밀리미터 정도로 아주 느리게 만들어진다. 망간각에는 항공우주·전자 산업 등 첨단산업 재료로 쓰이는 코발트, 니켈, 구리, 백금 등 30여 종의 금속 성분이 들어 있다. 해저열수광상은 중앙해저산맥과 해구와 같이 마그마 활동이 활발한 지역에서 열수작용에 의해 만들어진다. 해저열수광상은 다른 해저 광물 자원에 비해 얕은 1,200~2,500미터 수심에서 발견된다. 육지 가까운 곳에서 발견되고, 금·은·아연·구리 같은 금속의 함량이 높아 개발 가치가 높은 심해저 광물 자원이다.

그동안 정부에서는 거의 전량 수입에 의존하던 전략 광물 자원(니켈, 코발트, 구리 등 희귀한 금속이 포함된 광물)을 향후 안정적으로 공급하기 위해 심해저 광물 자원 개발을 국가전략사업으로 추진해 왔다. 이 사업은 현재 해양수산부가 주관하며, 한국해양연구원을 총괄연구기관으로 한국지질자원연구원·대우조선해양·대한광업진흥공사 등이 힘을 합쳐 앞으로 상업적인 생산을 할 수 있도록 노력을 기울이고 있다.

회의가 늦게 끝나는 바람에 점심시간이 좀 늦었다. 전채는 살라미를 이용한

52

것이었고, 앙트레는 티본스테이크와 프렌치프라이, 디저트는 과일과 치즈케이크였다. 프렌치프라이는 햄버거 먹을 때 많이 먹어 보았지만, 프랑스 요리사가 직접 만든 원조를 먹기는 처음인 것 같다. 점심 먹으면서 선상생활을 하는 동안 틈틈이 책 한 권을 쓸 계획이라고 하였더니 모두 관심이 대단했다. 소설을 쓰느냐, 주인공이 누구냐, 주인공이 바다 괴물과 싸우느냐, 로맨스가 들어가느냐 등등. 나는 『해저 2만리』를 쓴 쥘 베른과 같이 소설 쓸 재주는 없고, 과학자 입장에서 『비글호 항해기』를 쓴 다윈이나 유명한 항해를 한 마젤란 · 콜럼버스 · 제임스 쿡 선장 · 쿠스토 선장처럼 항해 기록을 쓸 예정이라고 했다. 그랬더니 모두들 자기도 책 속에 등장하느냐고 아우성을 쳤다.

배에 있는 컴퓨터는 우리가 쓰는 것과 자판이 다르고 영어로 메시지를 보내야 하기 때문에 내 노트북에서 한글로 이메일을 보낼 수 있도록 하였다. 테스트할 겸해서 아내와 어머니에게 편지를 보냈다. 이메일은 하루에 세 번 인공위성을 통해 주고받을 수 있다. 그러나 인공위성 사용료가 비싸서 인터넷은 사용할 수 없다. 아무튼 지구 어디에 있든지 소식을 주고받을 수 있다니, 참 편리한 세상이다. 태평양 한가운데에 떠 있는 배는 물론이고 남극에 있는 우리나라 세종기지 연구원들과도 소식을 주고받을 수 있지 않은가. 세상은 그야말로 점점 좁아져, 전세계가 다 이웃이 되어 버렸다.

1970년대 말 대학교 다닐 때는 '카더라통신'이니 '유비(유언비어)통신'이니 하는 것이 유행하였다. 새로운 소식을 텔레비전이나 라디오 · 신문 · 전화를 통해서만 알 수 있었으니, 권력자가 언론을 검열하고 전화선을 끊으면 바로 옆 동네에서 무슨 일이 일어나는지도 알 수 없던 때였다. 텔레비전은 권력자쪽 이야기만 앵무새처럼 전달하고, 신문은 권력자를 비판한 기사가 삭제된 채 배달되고, 잡지는 검열에서 문제가 된 기사가 가위로 오려진 채 팔렸다. 외국 잡지나 도서는 반정부 내용을 담은 부분을 읽을 수 없게 아예 까만색 매직펜으로 칠해져 팔렸다.

그러니 자연히 뭐라 뭐라 하더라, 누가 어찌되었다더라 하는 소문만이 무성하게 떠돌아다녔다. '휴대폰이나 인터넷으로 하지 뭐' 하는 젊은이들이 혹시 있을지도 모르겠으나 당시는 그런 게 무엇인지도 모르던 시절이었다. 20여 년이 지난 지금은 지구 반대편에 있는 나라의 뒷골목에서 일어난 일도 인터넷에서 금세 확인할 수 있으니, 격세지감을 느낀다.

요즘은 글을 보내는 것은 물론이고, 사진을 보내는 것도 식은 죽 먹기다. 디지털카메라로 찍은 사진을 컴퓨터에서 내려받아 이메일로 보내는 것도 벌써 구식이 되었다. 요즘은 디지털카메라가 장착된 휴대폰으로 찍어 바로 보내면 되니까.

1971년 평양에서 제1차 남북적십자회담이 열렸을 때 당시 〈동양통신〉 기자였던 선친은 우리 대표들과 같이 평양을 방문하셨다. 그때 기사와 함께 회담 장면을 찍은 사진을 보내기 위해, 당시 국내에서는 구하기 힘들었던 팩시밀리라는 엄청나게 무거운 장비도 가져가셨다. 그 덕분에 오랜 세월 철의 장막에 가려져 있던 평양의 모습이 우리나라 신문에 실렸고, 북한 사람들의 머리에 뿔이 돋아 있지 않다는 사실도 알게 되었다. 그때만 해도 우리들은 북한 사람들을 뿔 달린 도깨비처럼 생각하고 있었다.

그렇지만 그렇게 무거운 장비를 이용해 전송한 사진의 질은 지금 것에 비하면 그야말로 형편없는 수준이었다. 좀 과장하자면, 사람 얼굴이 「반지의 제왕」에 나오는 스미골처럼 보였으니까. 과학기술은 짧은 시간에 정말 폭발적으로 우리 생활을 편리하게 해 주었다. 그것은 과학 기술자들의 머리와 손 때문이었다. 노래와 춤, 운동에 몰두하는 젊은이들의 안락한 생활은 앞으로 누가 만들어 줄 것인가? 학생들이 이공계를 기피한다니 과학자로서 이만저만 걱정이 아니다.

또 먹는 이야기가 안 나올 수 없다. 저녁 메뉴 역시 이름은 잘 모르겠지만 일류 서양식 레스토랑의 풀코스 요리였다. 배불리 먹고 나서도 아쉬운지 프랑스 사람들은 카망베르(camenbert)라는 둥그런 덩어리 치즈를 잘라다 먹었다. 그다지 냄새가 좋지 않았는데 하도 먹어 보라고 권해서 눈곱만큼 잘라다 먹는 척만 했다. 물렁물렁하고 맛이 그다지 좋지 않았다. 치즈 먹는 동안 방귀를 뀌어도 남들이 눈치채지 못할 것 같다는 생각에 혼자 피식 웃었다. 이렇게 먹다간 누메아에 내릴 때쯤이면 뒤뚱거리지 않을까 모르겠다. 그렇지 않아도 배 안에서는 활동 반경이 좁아, 에너지 소비가 적을 수밖에 없다. 마침 크레이그가 저녁을 먹고 탁구를 치러 가자고 했다. 탁구장은 1층에 있었다. 운동이 필요한 차에 잘되었다.

크레이그는 탁구를 좋아하는지 전용 라켓까지 가져왔다. 나도 중·고등학교 때는 탁구를 곧잘 쳤으나, 그후로는 쳐 본 기억이 없다. 크레이그의 탁구 실력은 보통을 넘었다. 그런데 뜻밖에 옛날 내 실력도 죽지 않고 살아 있었다. 둘의 수준이 거의 비슷하여 약 1시간 동안 아주 재미있게 쳤다. 땀이 비 오듯 쏟아지니 기분이 상쾌해졌다. 내일부터는 저녁 먹고 매일 탁구를 치기로 하였다.

5월 22일

새벽 2시쯤 침대 밑 서랍장이 열리는 소리에 눈이 떠졌다. 서랍장이 잘 안 닫힌 데다가 배가 많이 흔들렸나 보다. 불을 끄니 방 안이 다시 캄캄해졌다. 어둠이 눈에 익자, 창이 보였다. 칠흑 같은 바다와 숯덩이처럼 새까만 하늘이 만난 수평선이 어렴풋이 보였다. 별이 보이지 않는 것으로 봐서 구름이 잔뜩 끼어 있는 모양이었다. 배가 심하게 흔들렸지만, 이제는 적응이 되어 멀미는 걱정하지 않아도 될 것 같다. 어제 오랜만에 탁구를 쳐서 아침에 일어날 때 팔이 아프지 않을까 걱정했는데 의외로 가뿐했다.

컴퓨터실에 올라가 내 노트북을 연결하고 간밤에 들어왔을지도 모를 이메일을 확인하였다. 받은편지함을 누르기 전의 기분이 묘했다. 입학시험을 치른 후 합격자 명단을 확인하는 마음이 이러할까, 아니면 사랑하는 연인에게서 온 편지를 열어 보려는 순간의 기분이 이러할까? 편지함은 기대를 저버리지 않았다. 어머니와 아들에게서 첫 답장이 왔다. 몇 줄의 소식이 그렇게 반가울 수가 없었다. 어느새 눈가가 촉촉이 젖고, 코끝이 시큰해졌다. 어머니의 격려는 힘이 불끈 솟게 했고, 나 대신 집안일을 열심히 거든다는 아들 편지는 마음을 든든하게 했다. 답장과 함께 이곳 생활을 궁금해 할 식구들에게 그동안 썼던 일기 파일을 첨부했다.

오전에는 노틸의 로봇 팔을 점검하였다. 팔은 두 개인데 이것으로 심해에서 퇴적물이나 생물을 채집하며, 각종 실험 장비도 조작한다. 조종사는 로봇 팔의 움직임에 대한 감을 잡기 위해, 로봇 팔로 채집기기를 들어올려 잠수정의

노틸의 로봇 팔 점검 장면.
한쪽 팔은 집게처럼, 또 다른 팔은 반으로 잘린 공처럼 생겼다.

심해에서 퇴적물을 채집해 오는 다중주상 시료채취기(위)와 상자형 시료채취기(아래).

시료보관함에 넣는 연습을 하였다. 팔모양은 양쪽이 조금 다른데, 한쪽은 집게처럼 생겼고, 다른 쪽은 반으로 잘린 공처럼 생겨 퇴적물이 담기게 되어 있었다. 바다가재 집게발이 한쪽은 날카롭고, 다른 한쪽은 뭉툭하게 생긴 것과 비슷했다.

점심때 가져온 고추장을 선보였다. 카레로 맛을 낸 소고기와 구운 바나나, 그리고 밥이 주식으로 나와 고추장에 비벼 먹기로 한 것이다. 그런데 우리가 즐겨 먹는 찰기 있는 쌀이 아니라 길쭉한 '안남미'라는 것으로 지은 밥이라 밥은 찰기가 없고 금세 흩어졌다. 영어로 우리가 먹는 쌀은 '쇼트 그레인(short grain)', 안남미는 '롱 그레인(long grain)'이라 한다.

같은 식탁에 앉은 스페인 출신의 페드로와 프랑스인 장, 일본인 마사시한테 고추장을 맛보겠냐고 했더니 모두 좋아하였다. 마사시는 일본에서 우리나라 비빔밥이 인기가 있어 이미 고추장을 맛본 경험이 있고, 페드로와 장은 처음 먹어 본다고 했다. 약간 달짝지근하다가 매운 맛이 나는 것이 좋다고 품평하면서 다들 맛있어 했다. 세 나라 사람들 모두 매운 음식을 잘 먹지 않는다.

고추장을 먹은 후 후식으로 파파야(papaya)를 먹었더니 입 안이 개운하였다. 우리나라에 수입되는 파파야는 익기 전에 들여와 단맛이 덜하지만, 이 파파야는 멕시코에서 농익은 것을 가져왔기 때문에 당도가 높았다. 프랑스에서도 덜 익은 파파야를 수입하기 때문에 이렇게 오늘처럼 단맛 나는 파파야는 먹기 힘들다고 한다.

오후에 탐사 계획에 대한 회의를 열었다. 우선 동쪽 광구에서 15일 동안 탐사할 계획을 먼저 세웠다. 24일 새벽 3시경에 탐사 장소에 도착하자마자 수심

갑판에서 열린 바비큐파티. 바닷바람을 맞으며 먹는 고기 맛이 일품이다.

을 재고 해저 지형을 측량한 후 조사할 정확한 지점을 파악하기 위해 수중음
향트랜스폰더(acoustic transponder) 세 개를 해저에 설치한다. 삼각측량을 하
듯이 이것을 설치해야만 잠수정과 장비들이 어디에 있는지 정확하게 알 수 있
다. 또 다층음파유속계(ADCP)라는 장비로 해류를 측정하고, 미생물의 활동을
보기 위해 호흡측정기(respirometer)도 심해 바닥에 떨어뜨린다.

　노틸은 안전을 고려하여 항상 날이 밝은 아침 9시경에 잠수해 저녁 7시 전

에 올라오기로 하였다. 오르내리는 데는 약 4시간 30분이 걸리고, 바닷속에서는 5시간 동안 생물과 퇴적물을 채집, 촬영하고 여러 가지 실험도 한다. 잠수정에 맨 처음 타기로 한 사람은 필립 사제로 그는 프랑스 국립해양개발연구소의 해양지질학자다. 노틸을 처음 타 보는 사람은 바닷속에서 나온 후 신고식을 해야 한단다. 필립이 만약 무사히 물 밖으로 나오게 되면 신고식을 하겠다고 농담해서 모두 웃었다.

잠수하였던 노틸이 올라오면, 밤 동안에는 퇴적물을 채집할 수 있는 상자형 시료채취기를 두 번, 다중주상 시료채취기를 한 번 바닥에 내려보냈다 끌어올린다. 그런 후 퇴적물과 생물, 망간단괴 등 올라온 시료를 처리, 분석한다. 이제 월요일 새벽이면 24시간 동안 작업하는 체제로 돌입할 것이다.

저녁에는 후갑판에서 선장이 주최하는 바비큐파티가 열렸다. 숯불을 피우고 소고기나 돼지고기가 아닌 참치와 감자를 구워 먹었다. 대형 스피커에서 들려오는 흥겨운 음악과 포도주를 비롯한 각종 술이 분위기를 한층 고조시켰다. 삼삼오오 모여 이야기꽃을 피우고, 여기저기서 어깨동무하고 사진을 찍느라 난리법석이다.

갑판에서 여는 파티는 선장의 재량으로 부정기적으로 열린다. 파티는 해가 져서 주변이 어둑해질 무렵 끝났다. 노틸을 운용하기 시작하면 후갑판에서 작업하기 때문에 앞으로 10여 일 동안은 이런 파티를 열지 못한다.

방으로 돌아왔는데 오랜만에 많이 웃어서인지 볼이 뻐근했다. 한잔할 수 있었으면 금상첨화였을 텐데, 다래끼 때문에 무한히 인내하였다.

배에서 처음 맞는 일요일이다. 선상생활은 일요일이라고 특별하지는 않다. 배는 계속 움직이고 평상시와 다른 것은 없었다. 구름이 많이 걷혀, 햇살이 바다 위에 은가루처럼 쏟아졌다. 배가 서쪽으로 가고 있어 배의 후미에 우뚝 솟아 있는 A프레임이 빛났다. A프레임은 무거운 짐을 들어올릴 때 사용되는, A자처럼 생긴 기중기라고 생각하면 된다.

배의 앞쪽으로 갔다. 배에 놀란 날치들이 뛰어오르고 있었다. 위에서 내려다보니 놀란 날치들이 어디로 뛰어올라야 할지 갈팡질팡하는 모습이 보였다. 대부분 날치들은 배에서 먼 쪽으로 날아갔다. 그렇지만 순간적으로 판단을 잘못한 날치들은 배 쪽으로 날아와 부딪히기도 하고, 힘이 너무 센 놈들은 아예 배 안으로 뛰어들기도 하였다. 과유불급(過猶不及). 너무 지나치면 모자란 것만 못하다고 했던가. 순간의 선택이 운명을 좌우하는 순간이었다.

뛰어오르는 날치의 사진을 찍으려고 뱃머리에 1시간쯤 버티고 서 있다가, 결국은 포기하였다. 언제 뛰어오를지 모르고, 또 워낙 빨라 찍으려면 벌써 시야에서 벗어나 있었다. 여러 장 찍은 사진에는 날치가 다시 물 속으로 떨어지면서 뛰어 오른 물보라만 찍혀 있었다. 초고속으로 촬영할 수 있는 카메라가 없으면, 순간 포착이 어려울 듯했다.

날치는 가슴지느러미가 새의 날개처럼 크게 발달하여 물 위를 날 수 있다. 최대 10미터 정도까지 뛰어오를 수 있고, 10여 초 동안 공중을 날 수도 있다. 한 번 물 위로 뛰어오르면 보통 5~6초 동안 약 50~60미터, 길게는 2백 미터까

지도 난다. 빠른 것은 시속 약 50킬로미터까지 날 수 있다
니 참 대단하다. 엄밀히 말하면 날치는 새처럼 날갯짓을
하는 게 아니라 뛰어오를 때 힘으로 가슴지느러미를
펼쳐 글라이더처럼 날아가는 것이다.

갑판으로 뛰어오른 날치.

점심에는 난생 처음 먹어 보는 고기 요리가 나왔다. 맛이 이상해 물어보니
사슴고기라고 했다. 당연히 점심식사의 주된 이야기는 잘 먹지 않는 동물에
관한 것이었다. 페드로는 아프리카 나미비아를 방문했을 때 임팔라, 얼룩말,
누, 톰슨가젤과 같은 우리가 「동물의 왕국」에서나 볼 수 있었던 야생동물들
을, 필립은 원숭이 골을, 크레이그는 고래와 타조를, 나는 오스트레일리아에
서 악어와 캥거루를 먹어 본 경험을 이야기했다. 사슴고기는 살짝 익혀서인지
생각보다 연했고, 고래고기처럼 아주 붉게 보였다.

고래고기가 육지동물의 고기보다 더 선홍색을 띠는 데에는 이유가 있다. 고
래는 한 번 숨을 쉬면 물 속에서 오래 숨을 멈추고 있어야 한다. 그래서 산소를
많이 저장하기 위해 피에 헤모글로빈이 많다. 근육에도 미오글로빈이 많아 산
소를 저장할 수 있다. 철분이 들어 있는 헤모글로빈이나 미오글로빈이 산소와
결합하면 붉은색을 띠기 때문에, 고래고기 색깔이 다른 동물보다 더 붉다. 철
이 산소와 결합하여 산화철이 되면 붉게 보이는 것도, 산소가 많이 든 동맥피
가 정맥피보다 더 붉은 것도 같은 이유다. 녹슨 쇠에서 비린내 같은 것이 나듯,
고래고기도 비릿했다.

오후에는 노틸 정비하는 것을 구경하였고, 아탈랑트의 기관실도 둘러보았
다. 기관실은 배의 맨 밑에 있었는데 소음과 진동이 심하고 엔진에서 나오는

아탈랑트 기관실 내부.
아탈랑트는 두 개의 엔진으로 움직인다.

열 때문에 더웠다. 그곳은 갑판에서 무슨 일이 일어나는지 모를 정도로 외부와 단절되어 있었다. 그래서인지 컴퓨터 모니터로 선내의 구석구석을 살펴볼 수 있도록 해 놓았다. 아탈랑트는 엔진 두 개에서 추진력을 얻는데 비상시를 대비한 엔진 한 개가 더 있었다. 엔진이 힘차게 돌아가며 내뿜는 열로 기관실은 사우나에 들어갔을 때처럼 몹시 더웠다. 기관실에서 일하는 선원들이 모두 남자들인지라 벽에는 비키니 수영복을 입은 요염한 아가씨 사진이 걸려 있다. 지나가면서 나도 한 번 슬쩍 쳐다보았다.

배가 계속 서쪽으로 달려 해 지는 시간이 점점 늦어졌다. 어제는 8시 반 정도면 어두컴컴했는데, 오늘은 9시가 다 되었는데도 아직 하늘이 환했다. 배는 평균 시속 11.5노트로 달리니 하루에 약 5백 킬로미터를 움직인다. 서울서 부산까지 가는 거리보다 조금 더 가는 셈이다. 경도상의 거리로 보면 대략 일몰 시간이 30분 늦어진 곳에 있는 것이다. 지금처럼 인공위성으로 배의 위치를 정확히 알지 못했던 옛날에는 이렇게 시간 차이로 경도를 알았고, 육분의로 별을 관측하여 위도를 알아냈다.

May **5월 24일**

해 지는 시간도 늦어졌지만, 뜨는 시간도 늦어졌다. 아침 7시인데도 창밖은 여전히 어두컴컴했다. 구름이 잔뜩 끼고 비가 와서 날씨가 더욱 음산했다. 하지만 노틸이 이번 탐사에서 처음 잠수하는 날이라 아침 일찍부터 사람들은 바빴다. 배는 간밤에 탐사 지점인 북위 14도, 서경 130도에 도착하였으며, 음향탐지기로 측정한 자료를 바탕으로 만들어진 해저 지형도를 놓고 잠수정이 조사할 장소를 결정하였다.

아침 9시. 준비를 마친 잠수정으로 조종사, 부조종사와 과학자가 탑승하였다. 이번 탐사에서 첫 번째로 잠수정을 타게 된 필립 사제는 자기도 잠수정 노틸을 처음 타 본다고 했다. 그래서인지 얼굴에 긴장하는 기색이 역력히 나타났다.

잠수정을 실은 궤도차가 배의 후미로 육중하게 미끄러져 나갔다. 잠수정 위에 올라가 있던 선원이 A프레임에 잠수정을 연결하였다. 곧이어 노란 잠수정은 연결선에 매달려 공중에 떴다가 물 위로 내려졌다. 연결선이 분리되고 잠수정은 천천히 시야에서 사라졌다. 잠수정 위에 있던 선원은 옆에 대기하고 있던 고무보트에 옮겨 타 본선으로 돌아왔다. 잠수정에 탄 과학자들은 태평양 심해저에 널려 있는 망간단괴의 분포 상태를 기록하고, 심해생물을 관찰하여 보고서를 쓰게 된다.

이메일을 확인하였다. 여러 통이 도착해 있었다. 그중에는 그동안 일어났던 집안일을 상세히 쓴 아내의 편지도 있었다. 아내는 집 베란다 정원을 새로 손질해서 찍은 사진을 메일에 첨부해 보냈는데 받았느냐고 물어보았다. 아마도 용량이 커서 전달되지 못한 모양이었다. 아이들이 열심히 공부하는 모습도 자세히 적어 보냈다.

연구원 소식을 전해 준 손승규 박사의 이메일도 있었다. 고마웠다. 그런데 신경이 쓰이는 소식도 있었다. 진행 중이던 연구사업 계약이 책임자인 내가 자리에 없다고 늦춰지는 모양이다. 오기 전에 모두 준비해 놓았건만. 태평양 망망대해 한가운데서도 연구실에서처럼 스트레스를 주는 문명의 이기, 컴퓨터 이메일의 야누스적인 얼굴을 보았다. 몸은 고달파도 정신의 휴식 시간을 가지려던 소박한 꿈이 깨어지고, 다시 현실로 돌아왔다.

점심때는 각국의 잠수정 이야기가 나왔다. 노틸은 쥘 베른의 소설 『해저 2만리』에 나오는 노틸에서 따왔다. 바다에 사는 앵무조개 이름이기도 하다. 일본의 '신카이6500'과 미국의 '앨빈'도 그동안 숱하게 잠수해 심해의 신비를 밝혀낸 유명한 심해유인잠수정이다. 마사시와 크레이그는 자기 나라 잠수정에 대한 자긍심이 대단했다.

현재 가장 깊이 잠수할 수 있는 것은 일본의 신카이6500으로, 6천5백 미터까지 들어갈 수 있다. 미국의 앨빈은 4천5백 미터까지 잠수할 수 있는데, 미국은 6천5백 미터까지 들어갈 수 있는 것을 새로 만들고 있다. 우리나라에도 '해양250' 이라고 수심 2백50 미터까지 잠수할 수 있는 과학탐사용 유인잠수정이 있었으나 퇴역하여 지금은 한국해양연구원 남해연구소에 전시되어 있다 (2016년 현재 국립해양박물관에 전시).

이런 이야기가 나오면 국가간의 과학기술력 차이에 괜스레 주눅이 든다. 우리나라는 언제나 이런 심해유인잠수정을 개발해서 바다를 연구하게 될까? 현대중공업 · 삼성중공업 · 대우조선해양 · 한진중공업 등 우리 기업의 선박 건조능력이 세계에서 1위인 것을 내세워 애써 자존심을 세워 보지만, 첨단기술이 필요한 고부가가치 선박을 만드는 능력은 아직까지는 부족한 것이 우리 현실이다.

작업을 마친 노틸이 배 위로 올려지는 장면. 노틸의 잠수 시간은 9시간 정도다. 맨 위 사진은 갑판에 올려진 노틸.

모선에서는 물 속의 노틸과 계속 교신하며, 노틸의 위치를 파악하였다. 예정대로 잠수한 지 9시간 만에 노란 잠수정은 모든 작업을 무사히 마치고 떠올랐다. 잠수부들은 고무보트를 타고 잠수정으로 가서 노틸을 배 위로 끌어올릴 준비를 하였다. 훈련을 잘 받은 해병대 대원처럼 모두 민첩하게 움직였다. 이 과정을 모두 배의 조타실에서 흥미롭게 지켜보았다. 액션영화를 볼 때처럼 스릴이 넘쳤다.

잠수정이 배 위로 올려지고 드디어 해치가 열렸다. 조종사와 필립 사제가 나왔다. 필립 사제는 탈 때의 긴장감은 안 보이고 표정이 밝았다.

무사히 돌아오면 특별한 환영식을 해야 한단다. 팬티만 입은 필립 사제의 눈을 수건으로 가렸다. 그리고는 갑판으로 데려가 물통에 주저앉혔다. 얼굴에 면도거품을 바른 후 한쪽 뺨만 면도해 주고, 술도 먹이고, 톱밥이 섞인 구정물을 머리에 쏟아 붓기도 하고, 호스로 물세례를 주기도 하였다. 본인은 어떨지 몰라도, 보는 사람들은 아주 재미있었다.

저녁식사 때는 내일 잠수정을 탈 니콜과 한 식탁에 앉았다. 비좁은 잠수정 안에서는 화장실 문제가 큰일이다. 그래서 잠수정을 탈 사람은 전날 물이나 커피를 자제해야 한다. 오늘 필립은 플라스틱통으로 문제를 해결했는데, 여자인 니콜은 어떻게 해결할 건지가 화두였다. 여러 아이디어가 나왔는데, 결국은 플라스틱통에 깔때기도 하나 가져가는 게 좋겠다는 데에 의견이 모아졌다.

9시가 다가오자, 구름이 짙게 깔린 잿빛 하늘 틈으로 저녁노을이 붉은빛을 간신히 토해 내기 시작했다. 하루 종일 날씨가 흐리고 비가 와선지 다른 날보다 더 피곤했다.

어제에 이어 오늘도 짙은 구름이 하늘을 덮어 별이 보이지 않았다. 밤새 상자형 시료채취기로 수심 5천 미터에서 영겁의 세월 동안 쌓였을 퇴적물과 생물을 채집하였다. 모든 일이 그렇듯이 처음에는 손발이 잘 맞지 않아 예정 시간보다 더 걸리는 법이다. 그 깊이면 채집기기를 넣었다가 끌어올리는 데 약 4시간이 걸리는데, 윈치에 사소한 문제가 생겨 6시간이나 걸린 것이다. 윈치는 와이어를 감는 장치로 배에서는 아주 중요한 기본 장비다. 채집기기에는 퇴적물과 망간단괴, 그리고 생물들이 담겨 있었다.

이메일을 확인하였다. 아침에 세수한 후 제일 먼저 하는 일이 노트북을 들고 이메일을 확인하러 가는 것이다. 아내가 새로 단장한 베란다 정원 사진을 한 장씩 석 장 보냈다. 지난번에 한꺼번에 보내서 못 받았다고 했더니 다시 보낸 것이다. 이끼 끼었던 연못이 깨끗해졌고, 연못 옆에는 예쁜 등불이 있었다. 오리 두 마리가 입에서 물을 뿜는 분수도 생겼고, 보지 못한 식물도 고개를 내밀고 있었다. 아내는 내가 돌아갈 때쯤 빨갛게 꽃을 피울 식물도 심었다고 했다. 아내의 예쁜 마음이 고스란히 담겨 있는 정원 사진을 보니 몸이 가벼워졌다. 아내는 이제 곧 초파일이라 바빠지실 어머니, 아이들의 학교생활, 애완견 '초롱이' 이야기까지 자세히 적어 보냈다. 아내의 메일 덕분에 집에서 수천 킬로미터 떨어진 곳에 있다는 생각이 전혀 들지 않았다. 오히려 집에 있을 때보다도 더 시시콜콜 집안일에 대해 알게 되었다. 부산KBS 정현덕 피디(PD)도 이메일을 보냈다. 정 피디가 지금 만들고 있는 다큐멘터리 때문이다. 막 만들기 시작해서 나한테 물어볼 것이 많은데 내가 떠나 있으니 답답한 모양이었다.

이번 탐사를 오기 전에 한국해양연구원에서 발행하는 논문집 『Ocean and Polar Research』 6월호에, 그동안 태평양 심해저를 탐사하면서 얻은 과학적인 결과를 토대로 쓴 논문들을 모아 '심해저 특별호'를 만들다가, 마무리를 짓지 못한 채 왔다. 정은주 편집간사가 일이 잘 진행되고 있다는 편지를 보냈다. 걱정하고 있었는데 이제서야 마음이 놓인다.

아침 8시 30분. 조종사와 부조종사, 그리고 미생물학자 니콜이 잠수정 안으로 들어갔다. 니콜은 어제 이야기한 대로 화장실 대용으로 준비한 깔때기와 플라스틱통을 환송하는 사람들에게 흔들며 여유 있는 모습을 보였다. 우리나라 텔레비전에 가끔 얼굴을 보이는 프랑스에서 온 '울랄라' 아줌마, 이다도시에 버금가는 수다쟁이다. 예정대로 아침 9시에 노틸은 두 번째 잠수를 하였다.

오전에는 망간단괴의 화학 성분을 연구하는 조엘의 실험실에 가서 실험 과정을 지켜보았다. 망간단괴는 먼저 분쇄기에서 갈린 후 프레스에 눌려 동전처럼 생긴 망간단괴 펠릿(pellet)으로 만들어진다. 펠릿은 원소분석기에 넣어져 망간, 구리, 코발트, 니켈 등과 같은 원소가 얼마나 함유되어 있는지 측정된다. 펠릿은 한 번에 열두 개까지 측정할 수 있고, 원소별 함량은 컴퓨터에 자동으로 기록된다. 이 기록은 망간단괴에 들어 있는 희귀한 금속의 양을 지역별로 비교할 때 자료가 된다.

동행한 프랑스 사람들은 같은 이름이 많아 구별하기가 힘들다. 알렉시도 두 명이어서 나이가 많은 알렉시를 '올드 알렉시', 젊은 알렉시를 '영 알렉시'로 구분해야 할 판이다. 조엘도 철자는 조금 다르지만 발음이 같은 사람이 두 명이다. 이번 탐사책임자인 조엘 갈레롱과 화학을 전공한 조엘이 그들이다. 이번 탐사 이름인 노디너트(Nodinaut)는 단괴(nodule)에서 no를, 다양성(diversity)에서 di를, 그리고 잠수정 이름 노틸(nautile)에서 naut를 따서 지었다. 말하자면 노틸을 이용해서 심해에 있는 단괴의 다양한 분포를 조사하는 탐사란 뜻이라고 한다.

조엘과 알렉시의 경우는 그나마 나은 편이다. 필립은 무려 다섯 명이나 있다. 과학자 중에 두 명, 선원 중에 세 명이 있다. 한 선원 필립은 누벨칼레도니(뉴칼레도니아) 태생으로 기관실에 자기 고향 지도를 붙여 놓았다. 이번에 탐사를 마치고 들를 곳이 누벨칼레도니라 사뭇 즐거운 표정이다. 어제 처음으로 잠수정을 탄 과학자 이름도 필립이다. 이름이 같은 사람이 있으니까 필립 사제로 성까지 같이 부른다.

점심때는 올드 알렉시와 조금은 심각한 이야기를 하였다. 우리나라도 마찬가지지만, 프랑스 젊은이들도 요즘은 과학자 되기를 꺼린다고 한다. 오랫동안 힘들게 공부하려는 학생도 줄어들고 대부분 과학자들이 많은 돈을 버는 것도 아니니 그럴 거란다. 그렇지만 과학자처럼 자기가 하고 싶은 일을 마음대로 하고 매일 다른 일을 할 수 있는 직업도 없을 거라고 올드 알렉시는 말했다. 맞는 말이다. 그런데 프랑스 젊은이들도 가수, 댄서, 운동선수가 되기를 더 바란다고 한다.

식사 시간은 정말 즐거웠다. 많은 나라에서 온 사람들과 온갖 주제로 이야기할 수 있기 때문이다. 과학자들은 11시부터 12시까지 점심을 먹기로 되어 있는데, 늘 눈 깜빡할 사이에 1시간이 지나간다. 12시부터는 승무원들 식사 시

망간단괴의 화학 성분을 분석하고 있는 화학자 조엘.

간이기 때문에 자리를 내주어야 한다.

점심식사 후에는 잠수정 탈 때의 주의사항을 숙지하였다. 좁고 밀폐된 잠수정에서 세 명이 약 10시간 동안 생활해야 하므로, 산소 공급이 무엇보다 중요하다. 숨을 내쉴 때 나오는 이산화탄소는 수산화칼슘을 이용해 제거한다. 한편 산소는 한 사람당 1분에 0.5리터를 사용하며, 산소측정기로 잠수정 내부에 산소가 17~23퍼센트 유지되도록 조절한다.

비상시에 잠수정은 물 위로 떠올라야 한다. 그러려면 잠수정 무게를 줄여야 하는데 우선 가라앉을 때 사용했던 무거운 추를 떼어 버린다. 그래도 떠오르지 않으면 채집 시료 보관용기, 주 배터리, 수은, 보조조종장치, 조종장치 순으로 떼낸다. 잠수정 내부에 이들을 분리시키는 버튼이 있다.

한편 잠수정 안에는 만일을 대비한 비상식량도 비축되어 있다. 이 비상식량에는 사탕, 과자류 등이 있다. 비상사태가 발생하면 식수를 절약하기 위해 처음 24시간 동안은 물을 마시지 않는다. 그후에는 24시간 동안 0.5리터 이상 마시지 않으며, 물이 부족하면 하루 동안 0.1리터만 마시는 것이 규칙이다.

며칠 전부터 배 주변에 커다란 바닷새들이 가끔씩 나타났다. 어떤 새인지 궁금하던 차에 가브리엘라와 페드로가 조류도감에서 그 새 이름을 확인했다며 알려 주었다. 그 새는 가마우지 일종인 가면부비로 '푸른얼굴부비' 또는 '흰부비'라고도 한다. 날개 길이가 1.5미터나 되는 큰 바닷새다. 부비는 얼간이란 뜻이기도 한데 덩치가 크다 보니 행동이 굼떠서 이런 오명을 얻었다. 가브리엘라와 페드로는 새 이름을 알려 주면서 자기들 이름이 내가 쓴 책에 나오느냐고 다시 한 번 물어보았다. 선상생활을 책으로 내려 한다고 했더니 사람들이 상당히 신경쓰는 눈치다.

니콜이 예정보다 1시간 일찍 돌아왔다. 로봇 팔 작동에 문제가 있어서 한곳에서 채집을 못했기 때문이다. 그래선지 9시에 과학자들과 잠수정 기술자들의 회의가 있다는 안내문이 실험실에 붙어 있었다. 잠수정 기술자들은 잠수정 로봇 팔을 정비하기 시작하였다.

저녁을 먹고 나니 8시. 회의 시간까지는 1시간이나 남았다. 문득 파란 하늘이 보고 싶어졌다. 갑판으로 나갔다. 시원한 바닷바람이 옷깃을 파고들었다. 몸이 새털처럼 가벼워지는 느낌이었다. 5층 높이에서 아래를 내려다보니 짙푸른 물이 쉼 없이 넘실대고 있었다. 바다의 에너지가 내 몸 속에 충전되고 있었다.

고개를 들어 하늘을 쳐다보았다. 해는 아직 서쪽 수평선 한참 위에 걸려 있었는데, 초승달이라고 해야 할지 상현달이라고 불러야 할지 애매하게 살찐 달이 벌써 나와 있었다. 그렇게 서서 해가 지면서 그려 내는 일몰 풍경을 구경하며 사진을 찍었다. 1시간 동안이나 일몰을 볼 수 있다는 것은 바쁜 현대 사회에서는 분명 특혜. 어디선가 바닷새 한 마리가 날아와 어디론가 부지런히 날아갔다. 둘러봐도 온통 똑같은 바다뿐인데 어디 갈 곳은 정하였는지……

9시에 과학자들과 잠수정 기술자들의 회의가 열렸다. 어제와 오늘 두 번의 잠수 때 과학자들이 관찰한 것을 발표하고 그 내용을 토의하는 자리였다. 먼저 필립 사제가 지난 1978년 미국 회사들의 컨소시엄이었던 옴코(OMCO)가 태평양 바닥에 있는 망간단괴를 채집하기 위해 채집기기의 일종인 드레지(dredge)를 끈 자국을 발견하였다고 발표하였다. 그러면서 옴코가 그 당시 망

채집기기에 긁힌 심해 바닥.

간단괴를 다 긁어 가서 지금은 하나도 안 보이더라고 다분히 가시 돋힌 한마디를 내뱉었다. 미국에서 온 크레이그를 염두에 두고 말한 것이다. 놀라운 것은 1978년이면 지금으로부터 26년 전인데, 그 당시 생긴 자국이 마치 어제 그런 것처럼 그대로 남아 있다는 것이다. 아마도 심해에서는 해류가 그다지 세지 않고 생물들도 적어 그런 게 아닐까 싶다.

필립 사제는 잠수정을 타고 4시간 동안 망간단괴가 지역에 따라 어떻게 분포되어 있는지 확인하였다. 이런 결과를 토대로 정밀하게 지형이 표시된 지도에 망간단괴 부존량을 표시해 자원도를 만드는데, 이것은 향후 망간단괴를 상업적으로 채광할 때 유용하게 쓰일 것이다. 우리나라도 이와 같은 지도를 빨리 만들어야 하는데……. 갈 길이 너무 멀다.

이어서 니콜이 발표하였다. 니콜은 생물학자답게 많은 생물들을 관찰하고 올라왔다. 잠수정에서 찍은 디지털 사진도 보여 주었는데, 빨간색 심해 새우와 가시가 무척 긴 성게 사진은 정말 탐날 정도로 선명했다.

그 다음에는 오늘 발생한 잠수정 문제점에 대해 잠수정 기술자들과 토론했는데, 프랑스어로 해서 무슨 말인지 정확히 알아들을 수 없었다. 나중에 탐사 책임자인 조엘 갈레롱이 영어로 요약하여 알려 줬는데, 오늘 잠수정에서 배터리와 로봇 팔의 유압장치에 문제가 있어서 내일과 모레는 당초 계획을 바꿔

배터리를 적게 사용하는 작업을 할 거라고 했다.

11시 10분경. 상자형 시료채취기가 갑판으로 올라왔다. 그러나 제대로 작동되지 않아 퇴적물을 퍼 올리지 못하였다. 선원들이 장비를 점검하고, 문제가 있다고 의심되는 곳의 부속을 갈아 끼웠다. 바다에서는 이렇게 실패하는 일이 흔하다. 배 위에서 수심 5천 미터나 되는 곳에 장비를 내려보내 시료를 채집하는 것이 쉬운 일은 아닌 것이다. 그 깊은 곳에서 무슨 일이 생겼기에 기기가 제대로 작동을 안 했는지는 아무도 알 수 없다. 해저 지형이 경사가 져서 기기가 착지하는 데 실패했거나, 바닥에 제대로 닿지 않았거나, 제대로 닿았지만 정상적으로 작동되지 않아 그러한 경우도 있다.

자정이 가까워진다. 하늘이 맑게 개었는지 해질녘에 보았던 달보다 더 예뻐진 달이 술에 취한 듯 이리저리 비틀거리고 있었다. 이제 채취기를 손보아 내리면 4시간 후에는 선물을 가득 안고 다시 배 위로 올라올 것이다.

5월 26일

두 번째 시도에서는 채취기 안에 퇴적물이 담겨 있기는 하였으나, 올라오면서 퇴적물이 한쪽 틈으로 새어 나가 헛수고가 되었다. 다중주상 시료채취기로 바꾸어 채집하였으나 역시 물만 잔뜩 들어 있을 뿐 퇴적물은 보이지 않았다. 용왕에게 고사라도 지내야 하려나 보다. 과학자들은 채집 시료가 올라오면 눈코 뜰 새 없이 바빠지는데, 채취기 문제로 일손을 조금 덜었다.

지구가 다시 반 바퀴를 돌았다. 8시경이 되자 하늘을 온통 뒤덮은 구름 사이로 일몰 때와는 다른 붉은빛이 새어 나왔다. 오늘도 구름 낀 날씨가 계속되려나…… 잠수정 정비 관계로 10시가 돼서야 잠수정은 잠수를 시작하였다. 오늘은 탐사책임자 조엘 갈레롱이 잠수정을 탔다.

점심때는 화학자 조엘, 아드리안과 앞으로 심해저 광물의 경제성에 대해 이야기했다. 최근 중국의 급격한 경제 성장으로 국제 시장에서 니켈, 코발트, 구리와 같은 금속 가격이 급상승하고 있어, 해저 광물 자원은 예측보다 더 빨리 채광될 거라는 데 우리는 의견을 같이 했다. 이야기가 끝나지 않아, 커피잔을 들고 휴게실로 갔다. 휴게실은 과학자용과 승무원용으로 구분되어 있다. 그 이유를 조엘 갈레롱에게 물었더니 그냥 오래된 전통이라고만 했다. 지금은 시간 차이를 두고 과학자와 승무원이 같은 식당을 사용하지만, 예전에는 식당도 서로 달랐다고 한다. 점심을 먹은 후 아드리안과 탁구를 치며 땀을 흘렸다.

잠수정에서 거의 다 올라왔다는 연락이 왔다. 즉시 배에서 고무보트가 내려지고, 고무보트는 파도를 가르며 모선 전방으로 쏜살같이 달려갔다. 거의 동시에 노란 잠수정이 물 위로 모습을 드러냈다. 오후 6시 5분이었다.

배 위로 올려진 잠수정 앞쪽 아래에 있는 채집통을 열었다. 거기에는 몸길이가 30센티미터 이상은 족히 되어 보이는 도깨비방망이처럼 생긴 짙은 갈색의 해삼, 10센티미터쯤 되는 몸이 투명해서 내장까지 들여다보이는 해삼, 1~2센티미터인 몸통에 10센티미터 돼 보이는 긴 가시가 달린 성게, 망간단괴에 붙어 있는 말미잘, 그리고 해면 들이 들어 있었다.

긴 가시가 달린 성게는 사진으로는 많이 보았으나 실물을 직접 본 것은 처

갑판으로 올려진 상자형 시료채취기.
채집한 시료가 올라오면 과학자들은 무척 분주해진다.

음이었다. 해삼도 처음 보는 것이었다. 이리저리 관찰하고 사진을 찍은 다음, DNA를 분석하기 위해 채집된 생물은 곧 냉동되었다. 심해에서 채집된 생물들은 처음 보는 것들이 대부분이었다. 조엘 갈레롱이 생물학자라서 그런지 역시 많은 생물들을 채집해 올라왔다.

심해에 살다가 느닷없이 잡혀 올라온 생물 입장에서 보면 참 기막힌 노릇일 게다. 천적이 거의 없어 방심하고 살고 있는데, 어느 날 갑자기 물 위에서 내려온 노란 것이 환하게 불을 밝히고는 무시무시한 집게발로 덥석 물어 버렸으니 말이다. 게다가 얼떨결에 물 위 세상까지 보게 되었으니……. '그 넓은 태평양 바닥에서 하필 내 머리 위에 잠수정이 나타날 게 뭐람.' 하며 투덜댔을지도 모르겠다. 잠수정의 집게발에 잡힐 확률은 복권에 당첨되는 것보다도 훨씬 낮을 텐데, 참 어지간히도 운이 없는 놈들이다.

여느 때처럼 저녁을 먹고는 휴게실에서 차를 마시며 웃고 떠들었다. 워낙 여러 나라 사람들이 모이다 보니 영어는 물론 프랑스어, 스페인어, 이탈리아어, 독일어, 일본어 등 가지가지 언어를 배울 수 있다. 물론 대화는 공통 언어인 영어를 사용하지만. 각 나라말로 헤어질 때 뭐라고 하는지 돌아가면서 이야기하다가 웃음꽃이 피었다. 영어로는 헤어질 때 흔히 아무 생각 없이 "See you later(다음에 보자)!"라고 인사하는데 어떤 사람이 대뜸 그럼 언제 볼 거냐고 물었다고 해서 모두 한바탕 웃었다. 이탈리아 출신의 가브리엘라, 스페인 출신의 페드로 역시 프랑스 사람들 못지않게 수다꾼들이다. 일본에서 온 마사시가 우리들 중에 가장 과묵한 편이다. 아무튼 좁은 공간에서 지루할 수도 있는 시간을 수다 덕분에 참 재미있게 보낸다.

몸이 투명한 심해 해삼.
하루아침에 5천 미터 물 위로 끌려 나온 해삼의 기분은 어떨까.

가브리엘라와 니콜은 결혼은 사랑의 결실이라느니 경제적인 계약 관계에 불과하다느니 하며 서로 입씨름을 하기도 했다. 가브리엘라는 30대 중반의 노처녀고, 프랑스인인 니콜은 결혼한 지 올해로 27년째인 베테랑 주부다. 두 사람의 결혼관이 다른 것은 미혼과 기혼, 나이의 적고 많음에서 오는 견해 차이일 수도 있겠으나, 이탈리아와 프랑스 사람들의 특성일 수도 있겠다. 낭만적인 이탈리아 여성과 실리적인 프랑스 여성의 단면을 엿볼 수가 있었다. 이상적으로 생각하자면 낭만적인 생각을 가진 가브리엘라의 손을 들어 주고 싶지만, 현실적으로 생각하자면 니콜의 생각 또한 그른 것은 아니다. 옛날 프랑스 상류 사회에서는 남녀간의 사랑보다는 양쪽 집안의 정략적인 이해관계에 따라 결혼했다.

물론 현재도 결혼을 신분 상승이나 경제적인 도약을 위한 수단으로 이용하는 세태가 어느 나라에서고 비일비재하다. 이런 현상이 꼭 나쁘다고 비판만 할 일은 아니다. 생물이 암수로 구별되는 것도 짝을 찾는 과정을 통해 유전적으로 좀더 우수한 후손을 만들기 위해서다. 그래서 암컷은 힘이 세고 멋진 수컷을 고른다. 사람도 남자는 예쁘고 똑똑한 여자를, 여자는 머리가 좋고 재력 있는 남자를 찾는다. 환경과 유전자가 좋은 배우자와 결혼하여 더 나은 환경에서 자식을 똑똑하게 기르려는 노력은 지극히 자연적인 본능이라고 생각한다. 물론 도가 지나쳐 꼴사나운 경우도 있지만 말이다.

페드로, 마사시와 함께 탁구를 치러 갔다. 페드로가 세 명이서 탁구 치는 법을 가르쳐 주었다. 세 명이 할 때는 탁구대 한쪽에 두 명, 반대쪽에 한 명이 서 있다가 두 명 중 한 명이 건너편 사람에게 공을 치고는 그쪽으로 뛰어가고 그

사이 건너편 사람은 공을 받아치고 반대편으로 뛰어가면 된다. 이렇게 정신없이 세 명이서 돌면서 탁구를 치는 것이다. 난생 처음 이런 탁구를 쳐 보았는데, 이게 제법 운동이 되었다. 쉴 틈 없이 계속 탁구대를 돌다 보니 머리가 어지럽고 온몸이 땀에 젖었다. 너무 힘들어 나중에는 한 명씩 시합하였다. 태극기가 1위, 일장기가 2위, 스페인기가 3위로 올라갔다.

5월 27일

하늘과 바다가 맞닿은 수평선을 장식하고 있는 구름을 제외하고는, 하늘에는 티 한 점 없었다. 햇빛이 눈부셨다. 오늘은 젊은 알렉시가 잠수정을 타고 아침 10시에 바닷속으로 내려갔다. 잠수정을 타기 전 줄담배를 피우던 알렉시 얼굴에는 긴장감이 역력했다.

오전에는 밤새 깊은 바닷속에서 올라온 퇴적물에서 생물들만 골라 포르말린을 넣어 보존하였다. 이 채집 시료는 선충(실처럼 가늘고 긴 동물)을 연구하는 페드로가 사용한다. 페드로는 어떤 종류의 선충이 바닷속에 살고 있는지 연구하고 있다.

아내가 이메일을 보냈다. 과 대표 학생들을 데리고 학교 근처 장애인 시설에서 봉사 활동을 했단다. 뇌성마비로 고생하는 아이들이 있는 시설인데 온몸이 뒤틀려 누워 있는 아이들을 보고 학생들이 많은 것을 느꼈던 모양이다. 우리 주변에는 몸이 불편한 사람들이 많지만, 그동안 너무 신경을 쓰지 못했다.

퇴적물에서 생물을 골라내는 페드로.

우리나라는 다른 나라에 비해 이들을 위한 시설이 턱없이 부족하다. 외국을 다녀 보면 외국에서는 장애인들에 대한 편견은 물론 없고, 오히려 그들을 많이 배려하는 것을 쉽게 볼 수 있다. 장애인이 휠체어를 타고 쉽게 오르내릴 수 있게 버스에 장치가 되어 있고, 오르내리는 데 시간이 많이 걸려도 어느 누구도 불평하지 않는다.

그런데 우리는 어떤가. 같은 상황에서 혹시 오늘 바쁜데 되게 재수 없다고 생각한 적은 없는가. 다행히 이번에 새로 선출된 국회의원 중에는 몸이 불편한 분들도 있다. 장애인들에 대한 우리 사회의 생각이 달라지고 있음을 반증한 것이리라.

아들도 이메일을 보냈다. 힘내라는 격려글에 힘이 불끈 솟았다. 나이에 비해 점잖고 과묵한 아들 녀석이 속으로 나를 이렇게 세심하게 생각하고 있는 줄은 미처 몰랐다. 역시 글로 마음을 전하는 것은 말보다 좋은 점이 많다.

아페리티프 미팅이 있는 날이었다. 탐사 중에는 주말이 따로 없이 하루 24시간 일주일 내내 작업하므로, 요일이 무의미하다. 그래서 자연히 요일에 무신경해진다. 오늘도 목요일인지 깜빡 잊어 미팅에 좀 늦었다. 벌써 많이들 모여서 와자지껄 수다를 떨고 있었다. 콜라를 마시려고 하니, 좋은 포르투갈 와

인이 있다며 맛보라고 한다. 누구 못지않은 주량에다 술을 즐기는 편이라 자칭 로마신화에 나오는 주신(酒神) 바커스라고 자부하고 있었는데, 영 체면이 말이 아니다. 웬만하면 마시겠는데 육지에서 약 2천5백 킬로미터 떨어진 바다 한가운데에 나와 있어, 눈이 완전히 나을 때까지는 안 마시는 것이 좋을 것이란 판단에서 끝내 와인을 사양하였다.

우리나라 사람들 같으면 다래끼는 술을 마셔 곪아 터지게 하는 것이 좋다고 마시라고 아우성이었을 것이다. 우리의 음주문화를 한마디로 표현하자면 '강권'이라고 보는 것이 적당하다. 상대방이 술을 잘 마시건 못 마시건 상관 않고, 또 술을 마시지 못할 사정이 있는지는 전혀 배려하지 않고 무작정 술을 권한다. 불과 10년 전만 해도 술자리에서 예외란 거의 없었지만, 그래도 지금은 자동차 운전 때문에 술을 마실 수 없다는 변명이 통한다. 아직도 술 마시고 대리 운전할 사람 부르라는 구태의연한 목소리가 남아 대리 운전 사업이 성황이라지만.

이뿐이랴. 대학에선 학기 초만 되면 신입생 환영회에서 젊은이들이 술 때문에 안타깝게 목숨을 잃는 사고가 심심치 않게 일어난다. 일본에도 술 못 마시는 사람들에게 억지로 술을 권하는 풍조가 있어서 '아루하라(アルハラ)'라는 신조어가 만들어졌을 정도다. 아루는 alcohol, 하라는 괴롭힘을 뜻하는 harassment에서 따왔다. 말 그대로 술로 다른 사람을 괴롭힌다는 뜻이 되겠다. 니콜은 자신은 술을 한 잔만 마셔도 얼굴이 빨개진다면서, 일본 성인 남자들의 3분의 1 정도가 알코올분해효소를 만들지 못한다고 덧붙였다. 일본의 술 문화도 우리와 비슷하여 술을 분해하는 알코올 디히드로게나아제(alcohol dehydrogenase)라는 효소가 만들어지지 않는 사람들에게 술을 못 마신다는 증명서까지 병원에서 발급해 줄 정도란다.

점심에는 전채요리로 버섯이, 그리고 메인요리로 새우·홍합·오징어 들이 들어간 해산물요리에 닭과 카레로 맛을 낸 밥이 곁들여져 나왔다. 접시 둘레에 커다란 새우를 늘어놓아 멋을 부렸다. 그런데 아드리안이 새우머리는 다섯 개인데 몸통은 두 개밖에 안 된다고 투덜거렸다. 갑자기 모두들 새우머리와 몸통의 숫자를 세어 보느라 분주했다. 머리 개수는 모두 달랐지만 온전한 새우는 공평하게 두 마리씩 들어 있었다. 아마 새우샐러드를 만든 후 남은 새우머리로 접시를 장식했나 보다. 점심 먹고 방에 돌아와 요일이 표시된 달력을 만들어, 아페리티프 미팅이 있는 목요일마다 표시해 놓았다. 집을 떠난 지 벌써 2주가 흘렀다.

오후 6시 5분에 잠수정이 떠올랐다. 역시 고무보트가 쏜살같이 달려가서 로프를 연결했다. 배 위로 끌어올리는 데 30여 분밖에 걸리지 않았다. 알렉시 역시도 잠수정을 처음 타 보기 때문에 필립 사제와 마찬가지로 신고식을 치러야 했다.

갯지렁이를 본뜬 가면을 쓴 알렉시는 갑판으로 끌려 나가 물통에 엉덩이가 처박혔다. 빨간색 액체를 마시고, 오물을 뒤집어쓰고, 마지막에 물세례를 받았다. 줄리한테 불량음료처럼 보이는 빨간색 액체를 어떻게 만들었냐고 했더니 술과 여러 음료를 섞었다고 했다.

잠수정이 채집해 온 생물들을 저온실험실로 운반하였다. 생물들은 길이가 30센티미터는 족히 될 해삼과 몸이 투명한 불가사리, 바다나리 들이었다.

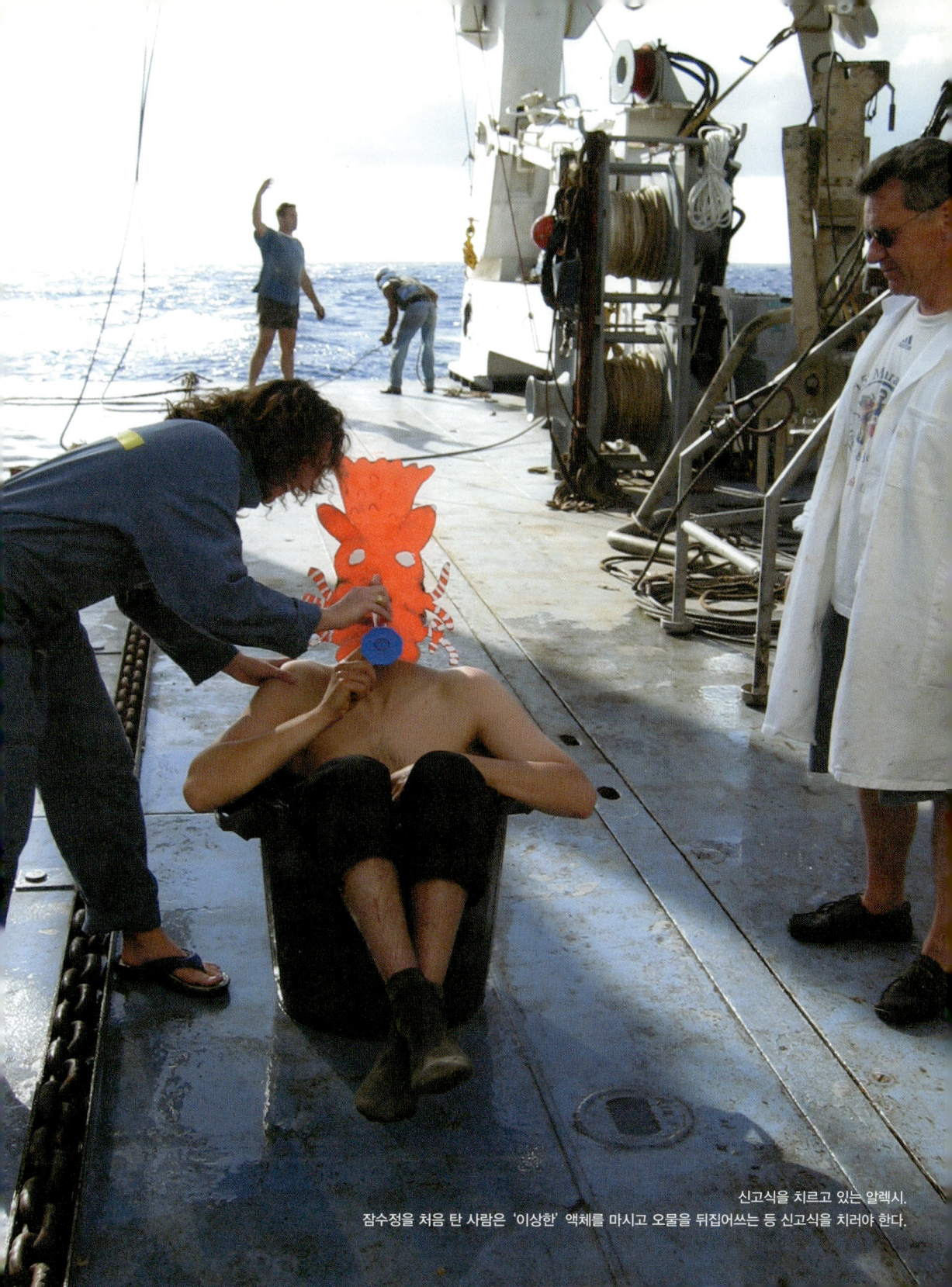

신고식을 치르고 있는 알렉시.
잠수정을 처음 탄 사람은 '이상한' 액체를 마시고 오물을 뒤집어쓰는 등 신고식을 치러야 한다.

해가 서쪽 하늘을 붉게 태우며 바다로 들어가려고 했다. 시계는 9시를 가리키고 있었다. 탐사 회의에 참석하였다. 알렉시가 심해 바닥에서 관찰한 내용을 듣고, 잠수정에서 찍은 심해생물 사진도 보았다. 먹이를 먹으며 기어가는 해삼이 아주 선명하게 찍혔는데 몸에는 몸통만큼이나 길쭉한 돌기가 지느러미처럼 나 있었다. 몸이 반투명해서 몸속이 들여다보이는 불가사리도 보였다. 못 보던 생물들을 보니 정말 신기했다. 이 지구에는 우리가 모르는 생물들이 얼마나 많을까? 심해생물을 연구하는 과학자들은 심해에 생물이 1억 종은 될 거라고 예상한다. 내일은 줄리가 잠수정을 탄다.

10시 45분에 상자형 시료채취기가 배 위로 올려졌다. 가로, 세로 50센티미터인 채취기 안에는 지름이 10센티미터 이상인 큰 감자덩이만 한 망간단괴 30여 개가 진흙 위에 빼곡이 들어 있었다. 우리나라 광구에서 건져 올린 것들보다 훨씬 컸다. 남의 떡이 커 보여서가 아니고, 정말 그동안 우리 광구에서 보았던 것들보다 컸다.

프랑스는 오래전부터 클라리온 - 클리퍼턴 해역에서 망간단괴의 분포를 조사해 부존량이 높은 곳을 자국의 광구로 정할 수 있었을 것이다. 이 해역의 심해 바닥에는 망간단괴가 많이 널려 있다. 우리나라도 그동안 질세라 뒤쫓아 탐사하여 비교적 망간단괴가 많은 곳을 우리의 단독 개발 광구로 정하였다. 앞으로 이 부근에서 광구를 확보할 나라는 앞선 나라들이 고르고 남은 곳을 차지할 것이다.

다중주상 시료채취기가 정상적으로 작동되지 않아 새벽 6시에 올라온 것에서는 온전한 퇴적물과 생물 샘플을 얻지 못했다. 밤새 일했던 사람들의 피곤한 얼굴에 실망의 빛이 역력했다. 이 채집기기는 상자형 시료채취기에 비해 성공률이 높은데, 여태까지 만족스럽게 작동하지 않았다. 그 원인에 대해 여러 의견이 나왔지만, 정확히 밝혀내지는 못했다. 카메라라도 달아서 내려보내야 할까 싶다. 깊은 바닷속에서 일어나는 일을 용왕이나 알까. 계속 제대로 작동이 안 되면 상자형 시료채취기를 사용할 수밖에 없다. 아침 10시경 채취기가 다시 올라왔다. 샘플 상태가 그다지 좋지는 않았다. 장비를 담당하는 필립 크라수가 지난번 영국의 조사선을 타고 북해에서 15일간 탐사했을 때도 한 번도 성공하지 못했다고 변명 아닌 변명을 늘어놓았다. 그런데 사실 바다에서 하는 탐사 작업의 성공 여부는 바다 상태에 따라 다르므로 예측할 수 없다. 이 작업이 늦어지는 바람에 잠수정도 거의 11시가 돼서야 잠수를 시작했다.

오늘은 바람이 세게 불었다. 배가 흔들릴 때마다 갑판 위로 물보라가 들이쳤다. 식당의 창문으로도 바닷물이 보였다 하늘이 보였다 했다. 새파란 바다 군데군데에서 하얗게 물보라가 일었다. 강한 바람을 탄 바닷새들이 긴 날개를 활짝 편 채 공중에 가만히 떠서 이리저리 둘러보고 있었다. 어제는 두세 마리만 보이더니 오늘은 대여섯 마리나 보였다. 깃털을 보니 아직도 다 자라지 않은 어린 것들이었다.

가면부비는 어렸을 때는 털이 갈색인데 성체가 되면서 머리와 몸통 부분이

갑판에 올려진 다중주상 시료채취기. 이 채취기는 상자형보다 성공률이 높다.

하얗게 변한다. 부리 주변 무늬가 푸른색이어서 마치 얼굴에 가면을 쓴 것처럼 보인다. 부비 종류들은 물고기를 잡기 위해 잠수도 하고, 바다 위에 앉아서 쉬기도 하면서 바다를 터전으로 생활한다. 그렇지만 산란기가 되면 육지에다 둥지를 틀고 알을 낳기 때문에, 육지로 가야만 한다. 우리가 떠나온 멕시코 만사니요는 여기서부터 2천 킬로미터나 떨어져 있고, 하와이까지도 거의 비슷한 거리다. 그렇다고 주변에 쉴 만한 섬이 널려 있는 것도 아니다. 가장 가까운 땅이라고는 지금 바닷속으로 5천 미터 들어가면 닿을 바닥밖에는 없다. 그 새들이 둥지를 틀 때가 되면 어디로 날아갈지 궁금했다.

잠수정은 저녁 6시 10분에 어김없이 수면에 모습을 드러냈다. 이번에는 어떤 생물들이 채집되었을까 궁금해 하면서 모두 기다렸다. 기다리는 시간은 늘 기대감으로 들뜬다. 이번에는 15센티미터 정도인 빨간색의 반투명한 해삼과 보라색의 우둘투둘한 돌기가 많이 난 약 10센티미터 크기의 해삼이 잡혔다.

빨간색 해삼 몸의 앞쪽에는 닭의 볏과 같은 것이 나 있었다. 심해는 수온이 1~2도로 아주 차기 때문에, 채집한 생물들은 낮은 수온이 유지되는 채집통에 담겨 물 위로 올라온다. 실험실에 달린 모니터를 보니 표층 수온이 25.6도였다. 해삼을 만지니 찬물에서 나와서인지 얼음처럼 차고, 상어 껍질처럼 껍질이 까칠까칠했다. 여태까지 사진으로도 보지 못했던 거북손과 긴 자루 끝에 달려 있는 주먹만 한 해면도 채집되었다. 이 해면은 모양이 튤립처럼 생겨 튤립해면이라 한다. 이 심해생물들도 DNA 분석을 위해 냉동실에 보관되었다. 심해 퇴적물 속에 사는 혐기성미생물의 활동을 보기 위해 조엘과 장이 실험을 준비하였다.

9시에는 오늘 관찰한 내용에 대해 토론하고, 내일 탐사 계획도 세웠다. 잠수정을 타고 내려갔다 올라온 마리가 프랑스어로 설명을 하는 바람에 외국에서 온 과학자들은 토론에 적극 참여할 수 없었다. 나중에 필립 사제가 요약해서 설명해 주었다. 잠수정은 한번 내려가면 보통 4시간 동안 6킬로미터 정도 움직이며 탐사하는데, 오늘은 조금 늦게 들어가는 바람에 2킬로미터 남짓만 운항했다. 그곳은 망간단괴가 없는 지역이라서 그런지, 전에 못 보던 심해생물들이 많이 눈에 띄었다.

채집기기를 올리고 내리는 윈치가 고장나서 회의가 잠시 중단되었다. 회의실에 설치된 모니터로 윈치를 고치는 광경과 윈치의 모든 작동 상황을 한눈에 볼 수 있었다. 한참 만에야 채취기는 다시 밑바닥으로 내려가기 시작했다.

5월 29일

졸린 눈을 비비면서 진한 커피 한 잔에 잠을 쫓아 버렸다. 채집기기는 수심 2천 5백 미터를 통과해 올라오는 중이었다. 주변은 아직 캄캄했다. 오랜 기다림 끝에 7시 30분쯤 다중주상 시료채취기가 배 위로 올려졌다. 이번에도 제대로 작동하지 않았다. 4시간의 기다림이 물거품처럼 헛되이 사라지는 순간이었다. 우리가 태평양에서 이 장비로 조사할 때는 성공률이 80~90퍼센트에 달했는데, 이번 탐사에서는 성공률이 너무 저조했다. 프랑스 잠수정을 보고 주눅이 들었는데 계속되는 채집 실패를 보니 우리의 뛰어난 탐사 솜씨에 괜히 가슴이

(시계 방향으로)심해에서 채집한 해삼, 툴립해면, 해삼, 거북손. 심해는 수온이 낮아서 심해생물들은 찬 채집통에 담겨 올라온다.

뿌듯해졌다. 아무래도 장비에 문제가 있는 듯했다. 갑판원들이 장비를 갑판 한구석으로 치우고 다음 작업을 부지런히 준비하기 시작했다. 허탈한 마음을 달래려는 듯 먼동이 텄다. 시각은 8시로 향하고 있었다.

먹이를 줄 때 종을 치면, 개는 나중에는 종만 쳐도 침을 흘린다. 이것은 러시아 생리학자 파블로프가 발견한 동물의 조건반사 행동 가운데 대표적인 것이다. 파블로프의 개처럼 날이 밝으면 노트북을 옆구리에 끼고 이메일을 확인하러 간다. 아내와 아들, 어머니, 그리고 연구원 동료들에게서 이메일이 와 있었다. 아내는 내일이 내 생일이라고 했다. 생일을 음력으로만 기억하고 있어, 올해는 양력으로 내 생일이 언제인지 나도 정확히 모르고 있었다. 아내는 어머니, 형석이와 주인공 없는 생일파티를 하였다고 했다. 사실 내 생일날은 어머니가 고생하신 날이니 정작 주인공은 내가 아니라 어머니다. 딸은 학교 행사 때문에 연수원에 가 있어 같이 자리하지 못했단다.

이제는 생일이 돌아오는 것이 그다지 반갑지만은 않다. 해야지 하고 마음먹은 일은 많은데 해 놓은 것은 별로 없이 시간만 자꾸 흐르는 것 같아서다. 우리나라 민물고기 연구에 큰 업적을 남기신 고 최기철 선생님께서 대학시절 강의 시간에 자주 하시던 "할 일은 아직 많은데 해는 자꾸 서산으로 지려고 한다."라는 말씀이 떠오른다. 그래서였는지 선생님은 아흔 살이 넘도록 정열적으로 연구하셨다. 항상 해가 떠 있는 것 같던 청춘기에는 이 말이 실감이 안 나더니, 이제서야 그 의미가 점점 피부에 와 닿는다.

한 해가 시작될 때보다 생일이 돌아올 때 시간이 빨리 가고 있다는 느낌이 더 강하게 온다. 나이를 먹으면서 시간의 상대성을 더욱 실감한다. 정말 시곗

바늘 돌아가는 속도가 나이에 비례해 점점 빨라지는 것 같다. 새로운 세기를 맞이한다고 호들갑을 떨던 때가 엊그제 같은데 벌써 2004년이다. 얼마 전까지만 해도 올해를 2003년으로 잘못 적기도 하였는데, 이제 2004년도 절반이 지나갔으니. 탐사를 마치고 7월 2일 집으로 돌아가면 올해도 후반기로 접어든다. 일촌광음(一寸光陰)이라도 아껴 써야지 하고 새삼 다짐했다.

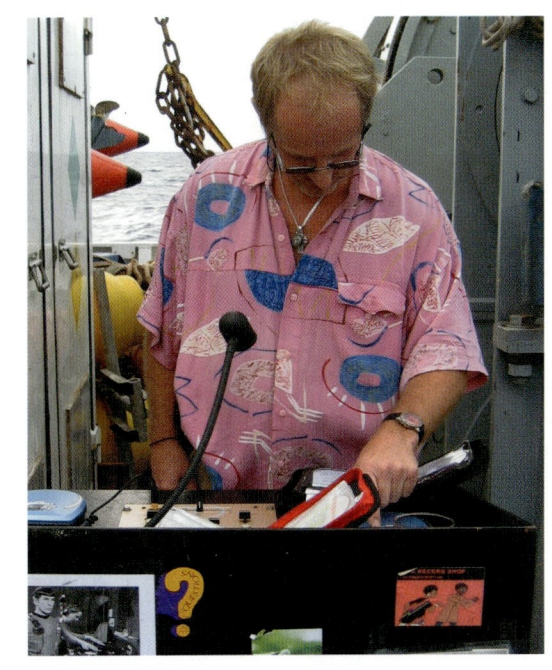

디제이를 맡은 이봉.

언젠가 점심식사 때 이봉과 이야기하다가 우리나라 노래 1천여 곡의 파일을 노트북에 저장해 왔다고 했더니, 자기도 들어 보았으면 좋겠다고 했다. 이봉은 음악 감상을 무척 좋아하며, 지난번 선상파티 때는 디제이 역할을 훌륭히 하여 분위기를 한층 고조시켰다. 아침에 이메일을 확인한 후 이봉 방에 들러 노래 파일을 복사해 주었다. 이봉은 좋아서 어쩔 줄을 몰라 했다. 보답으로 자기가 가지고 있는 것 중에서 필요한 것이 있으면 복사해 주겠다고 하였다. 나는 학창시절 즐겨 듣던, 이브 몽탕·아다모·바르탕 같은 가수가 부른 옛날 샹송을 부탁하였다.

점심을 먹은 후에는 평상시처럼 휴게실에 모여 커피를 마시며 이야기하였다. 자연스럽게 다중주상 시료채취기가 왜 제대로 작동되지 않는지에 대한 토론이 벌어졌다. 각자의 경험에 바탕을 둔 여러 해결책이 제시되었으나, 정작 당장 해결할 수 있는 구체적인 방안은 없었다. 나중에는 잘될 수 있게 넵튠(로마 신화에 나오는 바다의 신)에게 제물을 바쳐야 한다느니 하는 우스갯소리들까지 나왔다. 마침 그 자리에 여자들이 없었기에 망정이지, 여러 명이 인당수에 몸을 던진 우리나라 심청이 처지가 될 뻔하였다. 이번 탐사에는 모두 스무 명의 과학자들이 승선했는데, 그중 일곱 명이 여자들이다. 해양학이 여자들이 연구하기에는 힘든 분야인데도 많이 승선하였다. 세 명은 프랑스 국립해양개발연구소의 연구원인 나이 많은 아줌마들이고, 네 명은 아직 박사 학위를 받지 않은 학생들이다. 모두들 남자 못지않게 힘든 탐사 작업을 잘 해내고 있었다.

퇴적물과 생물 채집이 제대로 되지 않아 오후에는 한가했다. 잠수정이 바닷속에 있을 때는 잠수정의 안전을 고려하여 배에서 어떠한 장비도 내려보내지 않기 때문이다. 저녁 때 잠수정이 떠오를 때까지 읽다 만 『캡틴 쿠스토』를 읽고 끝마쳤다. 쿠스토는 바다에 관심 없는 사람이라도 잘 알 것이다. 그는 미지의 세계인 바다를 우리 눈앞에 가져다주고 갔다.

1910년 6월 11일 프랑스에서 태어난 쿠스토는 어렸을 적부터 물을 좋아했다. 그래서인지 해군사관학교에 들어가 1933년 해군장교가 되었다. 바다와 인연을 맺은 그는 해저 탐험에 관심이 많아, 1943년 가냥과 함께 물 속에서도 숨쉴 수 있는 장비를 개발하였다. 흔히 스쿠버 장비라고도 하는 이 수중호흡 장치의 발명으로 인해 사람들은 물 속에서 물고기처럼 자유롭게 헤엄칠 수 있게 되었고, 활동 영역도 물 속으로까지 넓어졌다. 쿠스토는 1951년에 중고 선박을 고쳐 만든 칼립소호를 타고 바다 탐험을 시작했다. 그후 전세계의 바다를 누비고 다니며, 수많은 책을 출판하고 영화도 만들었다. 1957년에는 모나코 해양박물관장이 되었다.

예전에 모나코에 있는 국제원자력기구(IAEA)의 해양환경실험실에 출장 갔을 때 그 해양박물관에 들를 기회가 있었다. 절벽 위에 우뚝 솟은 건물의 웅장함은 이루 말할 수가 없었으나, 전시 내용은 기대에 못 미쳤다. 제대로 관리가 안 되는 듯 오래된 생물 표본에는 먼지가 쌓여 있었고, 일부 전시관은 수리 중인지 닫혀 있었다. '바다에 대한 정열이 강했던 쿠스토가 관장을 할 때는 이렇지 않았을 텐데……' 하는 생각이 들었다.

쿠스토는 사람이 해저에서 장기간 생활할 수 있는지 알기 위해 직접 바닷속에 해저 주택을 지어 생활해 보기도 하였다. 1958년에는 두 명이 탈 수 있는, 바닷속 3백50 미터까지 들어갈 수 있는 소형 잠수정을 만들어 해저 탐험을 하였다. 쿠스토의 이런 노력이 있었기에, 지금 프랑스 과학자들이 6천 미터까지 들어갈 수 있는 심해유인잠수정을 타고 바다를 탐험하게 되었을 것이다. 이런 역사적인 배경 없이 어느 날 갑자기 잠수정을 만들 수는 없지 않았겠는가. 쿠스토는 말년에는 쿠스토협회를 만들어 해양생물을 보존하기 위한 환경운동을 열심히 펼쳤다. 비록 말년에 부적절한 사생활로 사람들 입방아에 오르내리기는 하였어도, 1997년 6월 25일 사망하기까지 그가 바다에 큰 발자취를 남겼음을 어느 누구도 부인 못할 것이다.

여느 날처럼 9시에 배를 떠난 잠수정이 6시 12분에 물 위로 떠올랐다. 오늘은 줄리가 타고 갔다왔는데, 이번 잠수가 처음이라 줄리 역시 신고식을 치렀다. 줄리는 수영복을 입고 사슴가면을 쓴 채 갑판으로 끌려 나와 물통에 주저

신고식을 치르는 줄리.

앉았다. 사슴이 흔한 캐나다 퀘벡 출신이어서 사슴가면을 쓰게 되었다. 이어서 이것저것 섞어 만든 녹색 액체를 마시고, 지저분한 물을 뒤집어쓰고, 물세례를 받았다. 이번 잠수에서 저층 해류를 측정하고 퇴적물을 채집하여 올라왔다.

저녁 무렵에 배에 앉아 쉬고 있는 부비를 발견했다. 행여 날아갈까 봐 조심조심 바로 부리 앞까지 다가가 카메라를 들이밀었다. 그런데 날아갈 생각은 안 하고, 오히려 머리를 이리저리 돌리며 포즈라도 잡는 듯했다.

전생에 모델이었나? 아마도 여태까지 사람을 본 적이 없어 겁이 없나 보다. 배 주변을 맴돌며 날아다니는 것을 찍으려고 여러 날 애를 태웠는데, 그 정성이 통했는지 날아가지 않는 것이 정말 희한했다. 새들은 날 때 몸을 가볍게 하기 위해 수시로 배설을 한다. 그래서 날아다니는 새 아래서 사진 찍으려고 이리저리 배회하다가는 분뇨 세례를 받기 십상이다.

새들이 앉아 있던 갑판은 온통 하얀 새똥으로 얼룩져 있다. 그러면 선원들은 새를 쫓아 버리는 데 혈안이 되는데 새똥으로 얼룩진 자국은 청소하기가 너무 힘들기 때문이다. 마치 새들이 선원들과 술래잡기를 하는 듯하다.

바닷새 부비.
사람을 본 적이 없어선지 사람을 두려워하지 않았다.

새벽에 그동안 제대로 성공하지 못한 다중주상 시료채취기를 배의 측면에서 내려보냈다. 토론 끝에 배의 후면보다는 측면이 훨씬 흔들림이 적으므로 그런 고육지책을 택한 것이다. 그런데 측면의 윈치에 문제가 생겨 멈췄다가 한참 동안 손을 본 후에야 다시 작동되었다.

7시 30분. 하늘을 짙게 덮은 구름 사이로 붉은빛이 간신히 삐져나왔다. 수평선을 따라 마치 하늘이 찢어진 듯 틈새가 나 있었다. 날이 밝아지면서 그 틈이 메워졌다. 아침부터 바람이 강했다.

오늘은 일요일. 일요일에는 잠수정만 정비하고, 잠수하지는 않는다. 대신 생물과 퇴적물을 채집하고, 해류를 재고, 미생물의 활동을 알아보기 위해 바닷속에 넣어 두었던 호흡측정기를 회수한다.

점심을 먹고 있는데 채집기기가 배 위로 올라왔다. 성공이었다. 처음으로 제대로 된 퇴적물 샘플을 얻었다.

샘플을 보물이라도 되는 양 조심스럽게 저온실험실로 운반했다. 아주 작은 생물들을 조사하기 위해 펄을 여과하다가 상어이빨을 찾았다. 그것은 펄 표면에서 약 2센티미터 깊은 곳에 있었다. 이 해역에서는 펄이 천 년에 2밀리미터 정도 쌓인다는데 2센티미터 속에 묻혀 있었으니 상어이빨은 대략 만 년은 되었을 것이다.

다른 생물들에 의해 펄이 교란되었을 수도 있기 때문에 이런 추측이 물론 정확한 것은 아니다. 방사성동위원소를 사용하여 연대를 측정해 보아야 확실

배의 측면으로 내려보내는
다중주상 시료채취기. 바다에선 예측 못한 일들이 곧잘 일어난다.

히 알 수 있다.

생물들은 대부분 펄의 수센티미터 깊이까지 살고 있으며, 그보다 더 깊은 곳에는 생물이 거의 없다. 그래서 퇴적물 샘플의 윗부분만을 여과하여 생물을 골라내고, 나머지 펄은 버린다. 깊이 수십 센티미터 되는 펄은 수십만 년 전의 지구 모습을 간직하고 있는데 그 귀중한 것을 바다로 다시 돌려보내려니 아깝기 그지없었다. 요즘은 펄로 만든 화장품이 유행이라던데, 태고의 신비를 간직한 심해의 펄로 머드팩을 만들면 더 인기 있지 않을까? 심해에서 올라온 펄은 차갑지만 미세해서 만지면 아주 부드럽다.

하루 종일 퇴적물을 채집하였고 채집도 성공적이었기 때문에 오늘은 일요일이지만 가장 바쁜 날이었다. 가브리엘라는 하루 종일 방한복을 입고 저온실험실에 있다 나와 몸이 굳어 있었다.

탐사책임자인 조엘 갈레롱이 글을 얼마나 썼는지, 책 제목은 무엇인지 관심 있게 물어보았다. 그동안 장비가 제대로 작동되지 않은 것이 책에 그대로 실릴까 의식해서인지, 웃으면서 장비가 독일제라 그랬던 것 같다고 농담을 했다. 바다에서 탐사하는 것은 백 퍼센트 계획대로 되기 힘들다. 그렇지만 탐사를 책임지고 있는 팀장은 항상 그 점이 신경쓰이게 마련이다. 탐사가 실패하면 다 자기 탓인 것처럼 죄책감이 느껴진다. 과부가 과부 사정을 가장 잘 안다고 나도 그런 경험이 있어 조엘 갈레롱 마음이 어떨지 충분히 이해되었다.

방으로 돌아와 3년 전 온누리를 타고 탐사 나갔을 때, 한국해양연구원 소식지에 실으려고 써 놓았던 글을 노트북에서 찾아보았다. 태평양 한가운데서 다시 읽어 보니 그때의 기억이 새롭게 떠올랐다.

2001년 7월 8일 일요일 오전 11시 55분. 출발 예정 시간인 정오를 5분 남겨 놓고 온누리는 긴 고동을 묵직하게 울렸다. 그러고는 주말 밤 내내 시끌벅적하던 호놀룰루항 9번 부두를 뒤로하고 심해저 광물 자원 탐사 목적지인 클라리온 - 클리퍼턴 해역을 향해 힘차게 바닷물을 갈랐다. 항구를 무사히 벗어나자 항로를 안내하던 도선사(뱃길을 안내하는 사람)도 수로안내선으로 옮겨 탔다. 알로하타워가 점점 작아지고, 곧이어 와이키키의 고층 건물이 성냥갑만 해지더니 다이아몬드헤드마저 시야에서 사라졌다.

수차례의 경험을 통해 언제나 느끼는 것인데, 호놀룰루에서 탐사 해역까지의 여로는 맞바람을 받으며 가야 하기 때문에 늘 고행길이었다. 파도는 선체가 울리도록 물보라를 남기며 뱃머리를 넘나들었고, 그 바람에 온누리는 널을 뛰다시피 했다. 오가는 연구원들의 발걸음은 고주망태의 갈 지(之)자 걸음걸이와 진배없었다. 계단을 오르내리며 중력의 변화를 생생하게 실감하였고, 많은 연구원들은 먹은 것이 소화가 잘 되었는지 다시 꺼내 확인해 보는 탐구자적 기질(?)을 보이기도 하였다. 그나마 제대로 먹을 수 있으면 다행이었고. 멀미 때문에 아무것도 못 먹을 때 먹을 것을 권하는 사람이 얄미웠던 기억 때문에, 나는 멀미하는 연구원들에게 밥 먹으라고 권하지도 못하였다. 그 와중에도 연구원들은 탐사 장비와 실험실을 정리하기 위해 갑판에서 실험실로, 실험실에서 갑판으로 바쁘게 움직였다. 핏기 없이 하얗던 팀원들 얼굴에 불그스레하게 혈색이 돌고, 어색했던 걸음걸이가 조금 안정되었을 무렵 온누리는 5일 동안의 항해 끝에 첫 번째 조사 해역인 N1에 도착하였다.

7월 13일 금요일. 그러나 탐사팀을 반겨 준 것은 13일 금요일의 징크스 때문인지

우리나라 해양 연구선 온누리호.

높은 파도와 나쁜 기상이었다. 이 때문에 한곳에서 자유낙하식 시료채취기로 탐사하고는 위도가 더 낮은 두 번째 조사 지점인 B2를 먼저 탐사하기로 당초 계획을 수정하였다. 뱃머리를 돌린 온누리는 북위 16~17도에 걸쳐 있는 N1 해역보다 남쪽인 북위 9~11도에 위치한 B2 해역으로 향하였다. B2 해역의 기상 상황은 탐사하기에는 그런 대로 양호하였다. 비록 처음 2주 동안은 푸른 하늘과 태양을 거의 보지 못했지만.

장마를 피해 왔다고 좋아했는데 이번 탐사 기간 동안 비와 구름 구경은 정말 지겹도록 하였다. 탐사 일정 내내 매일 오후 8시에 탐사 회의를 열었는데 주된 안건은 항상 기상 악화였다. 기상 위성에서 하루 두 번 수신되는 기상도를 보면 정말 속상할 때가 한두 번이 아니었다. 열대성 저기압은 고정적으로 출현하였고, 열대성 폭풍·허리케인까지 온누리 주변을 떠나지 않았다. 어떨 때는 하나로도 모자라는지 양 옆에서 온누리를 집적거리니, 출발할 때 잘생긴 돼지머리라도 상 위에 올렸어야 했나 후회가 밀려오기도 하였다.

B2 해역에서 CTD 관측, 다중주상 시료채취기 운영, 동물플랑크톤과 미생물 채집을 종료하고, C1 해역으로 이동하였다. C1 해역에서는 자유낙하식 시료채취기, 다중주상 시료채취기, 플랑크톤 네트, 해저면 사진촬영기를 이용해 탐사하고 정밀음향수심기(EA500), 다중음향측심기(SeaBeam2000)를 이용하여 탐사 해역의 정밀 수심과 해저 지형 자료를 획득하였다. 해저면 사진촬영기가 한때 제대로 작동되지 않아 수리하느라 애를 먹기도 하였지만 다행히 수리되어 해저면 영상 자료를 얻을 수 있었다.

B2와 C1 해역에서의 탐사 일정을 마치고, 마지막으로 기상 악화로 미뤄 두었던

다중주상 시료채취기 올리는 장면. 탐사 기간 동안 기상 악화로 작업에 어려움을 겪었다.

N1 해역으로 다시 향했다. N1 해역에서는 주로 자유낙하식 시료채취기로는 망간

단괴를, 다중주상 시료채취기로는 퇴적물과 저서동물을, 플랑크톤 네트로는 동

물플랑크톤을 채집하였다.

탐사 활동을 마무리하던 날 한바탕 소나기가 퍼부었다. 그런데 해가 금세 먹구름

사이로 얼굴을 쏙 내밀었고 수평선에 커다란 무지개 구름다리도 생겼다. 그동안

심술부린 것을 사과하고, 한 달에 걸친 탐사 활동의 노고를 달래 주려는 듯

이…… 기상 악화에도 불구하고 계획대로 탐사를 무사히 마친 후 호놀룰루로 뱃

머리를 돌리자 그렇게 끈질기게 따라다니던 열대성 폭풍이 기상도에서 사라지고 등압선 간격도 무척이나 넓어졌다. 탐사 기간 내내 기상도를 보면서 팀장의 인덕이 부족하여 날씨가 이 모양인가 조마조마한 마음으로 자책도 하였는데 이제서야 인격 수양이 된 모양이었다.

탐사를 무사히 마쳐 마음이 홀가분한데 날씨까지 좋아져 돌아오는 여정이 더욱 즐거웠다. 그간 사용했던 탐사 장비를 정리하고 온누리도 대청소를 하였다. 처음 탐사에 나선 연구원은 대청소할 때 물세례를 받는 관례가 있다. 이번에도 장난기가 발동한 한 연구원(누구라고 밝히지는 않겠지만)이 비눗물이 든 양동이를 가지고 브리지에서 숨어 있다가, '삐끼'의 꼬임에 넘어가 갑판으로 불려 나온 희생양의 머리에 쏟아 부었다. '애꿎은' 제물이 여럿 있었으나 마른하늘에서 물벼락을 받고도 누구 한 사람 싫은 기색을 보이지 않았다. 그 즈음이면 끝날 날을 기다리며 하루하루 재미있게 지워 나가던 7·8월 달력, 그리운 소식을 전해 준 센터에서 온 팩스, 탐사 활동 지시문, 연구원과 승무원의 얼굴을 담은 폴라로이드 사진 등 실험실 밖 복도에 덕지덕지 붙여 놓았던 탐사 흔적도 깨끗이 사라진다. 나는 오랜만에 탑브리지에 올라가 보기 힘들었던 은하수를 보며 오랫동안 떨어져 있던 가족들을 떠올리기도 하였다.

모든 탐사를 마친 후 열리는 선상파티. 이글거리는 숯불에 구워지는 갈비 냄새에 식욕이 동하면 육지가 그리 멀지 않다는 이야기다. 이번에도 기대를 저버리지 않고 다음날, 하와이의 빅아일랜드가 시야에 들어왔다. 흙냄새가 코에 전해졌다. 이제 하룻밤만 자면 뱃멀미 대신 땅멀미를 걱정해야 하지만, 그럼에도 땅을 밟기 전날에는 왜 그리 잠이 오지 않던지. 온누리가 하와이 제도 섬들을 요리조리 지나

오아후 섬으로 향하던 마지막 밤, 은하수와는 느낌이 다른 마을의 불빛에 밤새 가슴이 설렜다.

우리 연구원 소속 연구원 열일곱 명, 한국지질자원연구원 소속 연구원 두 명, 승무원 열다섯 명, 모두 서른네 명이 온누리에서 30일 동안 동고동락하였다. 특히 장기간의 힘든 선상생활에도 불구하고 온누리 선장을 비롯해 승무원들은 정말 헌신적으로 우리를 도왔다. 그 덕분에 탐사 활동이 한결 수월하였다. 그리고 열심히 탐사하고 지칠 때마다 재미있는 이야기로 서로 격려해 주었던 연구원들에게도 이 지면을 빌어 감사의 마음을 전한다.

3년 전의 기억이 스멀스멀 되살아났다. 그때와 다른 것이 있다면, 이번에는 탐사 결과에 대해 책임지지 않아도 돼서 마음이 홀가분하다는 것뿐. 어둠이 깔려 아무것도 보이지 않는 창문을 멍하니 바라보면서 생각에 잠겼다. 창문에 반사되는 형광등 불빛에 식구들 얼굴이 겹쳐졌다. 신선한 공기도 마시고 달도 볼 겸 갑판으로 나갔다. 며칠 안 보는 사이에 달이 많이 뚱뚱해졌다. 오늘 밤도 달은 술에 취한 듯 여전히 갈 지(之)자로 걷고 있었다.

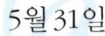

5월 31일

한밤중에 사고가 있었다. 8백 킬로그램이나 되는 상자형 시료채취기가 바닷속으로 가라앉아 버린 것이다. 이 장비는 굵은 쇠줄에 매달려 윈치로 바다 밑

바닥까지 내려졌다가 퇴적물이 채취되면 다시 배 위로 끌어올려진다. 그런데 쇠줄이 끊겼다. 나는 자고 있었기 때문에 사고 현장을 직접 보지는 못했고, 새벽에 전해 들었다. 팽팽하게 당겨져 있던 쇠줄은 끊기면 마치 뱀이 요동치듯 살아 날뛰면서 회초리가 되기도 한다. 이번에도 쇠줄이 끊기면서 튕겨져 한 선원의 안전모를 스쳤는데, 다행히 다치지는 않았다. 그래서 배에서 작업할 때는 불편하더라도 꼭 안전모와 구명조끼를 착용하고, 안전화도 신는다. 언제 어디서 예측하지 못한 사고가 일어날지 모르기 때문이다.

잃어버린 장비는 사용하던 장비보다 더 무거웠다. 아마도 그 무게를 견딜 수 있는 쇠줄로 교체하지 않았던 모양이다. 그동안 실패를 거듭하던 퇴적물 채집 작업이 잘되자 크레이그가 좋아서 탐사가 잘된다고 다른 사람들한테 입방아 찧은 것이 화근이라고 조엘 갈레롱이 농담을 하였다. 사실 바다에서는 말을 조심하게 된다. 이상하게도 날씨가 좋다고 하면 곧 나빠지고, 탐사가 잘된다고 하면 금세 일이 생기는 경우가 비일비재하다. 넵튠이 지금도 귀를 기울이고 엿듣고 있을지 모르겠다. 바다 한가운데서 인간은 무력할 수밖에 없다. 그래서 미신 같은 이야기에도 솔깃해지는 것이리라.

9시에 르네이크가 잠수정을 타고 내려갔다. 오늘은 미국이 1978년에 망간 단괴를 채집한 곳에서 퇴적물을 채집하여, 사람이 훼손시킨 심해생태계가 그동안 어떻게 변하였는지를 확인하기로 하였다. 우리나라도 앞으로 인간의 환경 훼손이 심해생태계에 어떤 영향을 미치고, 훼손된 생태계가 어떻게 회복되는지 연구해야 한다. 이것은 단독 개발 광구를 할당해 준 국제해저기구에 대한 우리의 의무사항이기도 하다. 우리나라는 심해유인잠수정이 없으니 다른 방법을 개발해서 실험해야 되므로 머릿속이 복잡하다. 현재는 독일의 실험 방법이 우리 현실에 가장 알맞다고 생각한다.

우리는 탐사 나갈 때 연구선이 비좁아도 만일을 대비해 여분의 채집기기를 준비해 놓는다. 그런데 아탈랑트에는 설상가상으로 여분으로 실은 장비도 없단다. 저녁 9시에 과학자·잠수정 기술자·선장 등이 모여 내일 노틸로 장비를 찾을지 말지를 협의하기로 하고, 오후 4시 30분에 과학자들만 모여 그 장비를 못 찾을 경우 다중주상 시료채취기로 어떻게 샘플을 채집할지 의논하였다.

9시 회의에서 잠수정으로 잃어버린 장비를 찾기로 결정하고, 수심 5천 미터에서 어떻게 회수할지를 집중적으로 토론했다. 우선 선장이 프랑스 국립해양개발연구소에 하루 동안 장비를 찾겠다는 계획을 알리기로 했다. 위치를 파악할 수 있는 트랜스폰더를 이미 해저에 설치해 놓았기 때문에, 채취기 위치를 확인하는 것은 그리 어려운 일이 아니다. 내일 잠수정이 장비에 위치추적장치를 부착하고 부이(buoy, 어떤 물건이 물에 뜰 수 있도록 해 주는 것으로 양식장에서 쓰는 흰색 스티로폼통이나 수영할 때 쓰는 튜브도 이것의 일종이다)를 매달 것이다. 그러면 모선에서 갈고리 달린 쇠줄을 내려 장비를 끌어올리면 된다.

탐사하러 나왔다가 뜻하지 않은, 침몰한 장비를 인양하는 모험까지 하게 되었다. 이 작업 때문에 누벨칼레도니에는 하루 늦게 도착할 수도 있다고 한다. 아직은 반나절의 여유 시간이 있어 그렇지 않을지도 모르지만.

우리나라에서는 오늘이 '바다의 날'이다. 조촐하나마 연구원에서는 기념식을 했을 것이다. 바다로 둘러싸여 있는 섬나라 일본은 바다의 중요성을 인식하여 1996년부터 7월 20일을 '바다의 날'로 정했다. 1876년 7월 20일, 배를 타고 일본의 동북지방을 둘러본 메이지 왕이 요코하마로 무사히 귀환한 것을 기념하는 뜻이 담겨 있다고 한다. 그러다 작년(2003년)부터 7월 셋째 주 월요일로 변경해 연휴가 되도록 하였다. 공휴일을 날짜가 아니라 요일로 정해 놓는 것도 좋은 방법인 것 같다. 새해 달력을 받았을 때 공휴일과 일요일이 겹치지 않을까 확인할 필요도 없고 말이다.

6월 1일

이제 다들 탐사 작업이 손에 익어 잘 돌아가기 시작했다. 채취기도 말썽 없이 잘 작동되었다.

퇴적물을 가득 담은 채취기가 드러날 수면을 서치라이트가 비추고 있었다. 아직 깜깜한 이른 새벽이라 불빛이 비추는 곳만 코발트색으로 너울거렸다. 빛깔이 참 고왔다. 한참 넋을 놓고 바라보자 물이 잡아끄는 듯한 착각이 들었다. 그때 느닷없이 날치 한 마리가 공중으로 날아올랐다. 뒤이어 커다란 물고기가 조명 속으로 날아들었다. 만새기인 듯싶었다. 다급하게 쫓기던 날치가 최후의 방법으로 물 위로 줄행랑을 쳤으리라. 그런데 공교롭게도 맞바람이 불어와 날치는 날지 못하고 제자리로 떨어졌다. 곧이어 다시 뛰어오르는 날치. 그러나 이번에도 역시 날치는 제자리로 떨어지고 말았다. 그 뒤로는 모습이 보이지 않았다. 궁금했다. 날치는 무사히 다른 곳으로 도망갔을까, 아니면 뒤쫓던 물고기의 뱃속으로 들어갔을까? 날치를 생각하면 무사히 도망갔으면 하는 바람

이고, 만새기를 생각하면 굶주린 배를 채웠으면 싶다. 서로 먹고 먹히며 살아
가도록 만들어진 자연의 섭리에는 무슨 뜻이 담겨 있을까?

탐사책임자 조엘 갈레롱이 배가 도착 예정일인 6월 27일보다 하루 늦게 누
벨칼레도니에 도착할 것이라고 알려 주었다. 그렇지만 탐사에 쓰인 물품을 정
리하고 배에서 내리는 것은 그 다음날인 28일로 예정되었기 때문에, 하선하는
날은 변동이 없다고 말했다.

탐사장비인양작전에 대한 이야기도 오갔다. 10년 전쯤에 우리도 동해안에
서 바다를 조사하던 중 CTD라는 장비를 수심 70미터 되는 곳에 빠뜨렸다가
다시 찾은 적이 있어 그때의 무용담을 들려주었다. 요즘은 배에 GPS(위성을 이
용하여 운송수단 등의 위치를 정확하게 알려 주는 시스템)가 장착되어 있기 때문에,
망망대해에서도 잃어버린 장비를 찾을 수 있다. 조엘 갈레롱은 수심 70미터와
5천 미터에서 찾는 것이 같으냐고, 은근히 프랑스의 해양과학 기술능력을 자
랑했다. 그러면서 내가 쓰는 책에 들어갈 좋은 이야깃거리가 하나 더 생겼겠
다며 수다를 떨었다. 여러 나라 과학자들이 같이 탐사해서인지, 은근슬쩍 서
로 자기 나라의 과학기술을 자랑한다. 과학기술은 국가간에 가장 치열하게 경
쟁하는 분야기 때문에 과학자들 사이에 알게 모르게 자존심 싸움이 심하다.

9시 30분. 노틸이 잠수를 시작했다. 그 덕분에 우리들은 좀 한가해졌다. 점
심때는 선장과 같이 밥을 먹었다. 며칠 전 점심때도 같이 밥을 먹으며 선장은
최근 개통한 우리나라 고속철도에 지대한 관심을 보였다. 아마도 프랑스 고속
열차 테제베의 기술을 도입해 만들었기 때문일 것이다. 프랑스는 1981년부터
시속 2백60 킬로미터로 달리는 고속열차 테제베를 운행했으며, 스페인과 미

국에도 고속열차를 수출했다고 한다.

　선장은 고속열차와 더불어 프랑스 원자력산업에 대해서도 자부심이 강했다. 프랑스는 독자적으로 원자폭탄을 개발하였을 뿐만 아니라 원자력에너지 분야에서도 세계 첨단기술을 보유하고 있다고 한다. 프랑스는 전력 대부분을 원자력에 의존한다면서, 우리나라 원자력발전소 실태에 관해서도 관심이 많았다. 1970년대 우리나라에 처음 원자력발전소가 세워질 때 프랑스가 기술을 많이 지원했기 때문일지 모르겠다. 프랑스 공학자들은 사회적인 대우가 높아 긍지를 품고 일한단다. 공학자가 되기 위한 경쟁이 심해, 우수한 인재들이 공학자가 되기 때문에 프랑스 산업이 최첨단을 달리는 것이다.

　나는 선장한테 배에 대한 것을 이것저것 물어보았다. 아탈랑트에는 엔진이 두 개며, 추진력을 전기모터에서 얻는다. 해양조사선처럼 속도 조절이 미세해야 하는 선박에는 전기모터로 돌아가는 엔진이 편하기 때문이란다. 전기모터에 전력을 공급하는 발전기는 석 대며, 발전기에는 디젤을 쓴다. 일전에 기관실에 구경 갔을 때 기관원이 엔진이 세 개라고 했던 것 같은데, 아마 기관원이 영어가 서툴러 발전기를 엔진이라고 한 모양이다.

　장비회수작전에 대한 이야기도 나왔다. 장비를 되찾는 데 하루가 걸리지만, 서쪽 광구로 이동할 때 배의 속도를 높여 탐사 일정을 예정대로 맞출 것이라고 한다. 아탈랑트 속도를 물어보니 평상시는 11.5노트로 항해하지만, 최고 13.5노트까지 낼 수 있단다. 이동에 필요한 시간을 약 5일로 잡고 있으니 최고 속도로 간다면, 1시간에 2노트씩 빨리 갈 수 있고, 하루면 48노트, 5일이면 240노트, 이는 약 20시간의 절약 효과가 있으니 간단한 계산으로도 충분히 가능할 거라는 판단이 들었다.

프랑스 탐사 팀원들에게는 바쁘고 긴장된 하루였지만, 나에게는 책 읽을 시간이 많았던 한가한 날이었다. 탐사 기간이 길어서 한국에서 올 때 책 다섯 권을 챙겨 왔다. 평상시에는 두꺼운 책을 읽기가 쉽지 않아서 이번 기회에 읽고 싶었던 책을 독파하리라 마음먹은 때문이다. 대부분 책들이 500~600쪽 분량이다. 그중 쿠스토에 관한 것은 이미 읽었고, 지금은 헤이에르달이 폴리네시아 고대 문명의 기원을 밝히기 위해 뗏목을 타고 남태평양을 건너며 쓴 『콘티키』를 읽고 있다. 그리고 18세기 범선을 타고 전세계의 바다를 탐험했던 쿡 선장 이야기 『푸른 항해』, 다윈의 『비글호 항해기』, 미국 출장 때 샀던 심해 탐사를 다룬 『MAPPING THE DEEP(심해를 조사하다)』도 읽을 예정이다.

가랑비가 뿌리는 가운데, 오후 8시가 다 되어 잠수정이 물 위로 떠올랐다. 오늘은 평소보다 2시간이나 더 오래 잠수하였다. 오늘은 알렉시 두 명 중 나이 든 알렉시가 잠수정을 타고 내려갔는데, 오랜 잠수 시간 때문인지 나이 탓인지 피곤한 얼굴로 잠수정 밖으로 나왔다. 알렉시한테 잠수정이 얼마나 오래 잠수할 수 있느냐니까, 배터리는 하루 이상 못 가지만 산소는 5~6일 동안 사용할 수 있다고 한다. 찾은 장비는 내일 밝을 때 끌어올릴 예정이다.

간간이 내리던 비는 멈추었지만, 바다는 여전히 두꺼운 구름을 머리에 이고 있었다. 저 멀리 수평선을 덮은 구름 틈으로 해가 오렌지색 빛을 힘겹게 내보내며 지고 있었다. 9시 회의가 끝날 무렵 조엘 갈레롱이 우리나라가 올해 북동태평양에서 탐사할 것에 대해 이야기해 주었으면 좋겠다고 하였다. 그래서 그동안 우리나라가 수행해 온 탐사 활동과 올해 탐사할 내용을 간단하게 소개하였다. 탐사하러 두 달 후에 다시 이곳에 올 예정이라고 했더니, 모두 놀라는 눈치였다. 그래도 그때는 고추장과 마늘을 먹으며 힘을 낼 수 있으니 다행이다.

6월 2일

밤에 두 차례 퇴적물을 채취하였는데, 한 번은 성공하고 한 번은 실패하였다. 짙게 깔린 구름이 물러설 줄을 몰랐다. 태양은 자신이 떴음을 힘겹게 알렸다. 구름 틈으로 동녘 하늘에 붉은 기운이 감돌았다. 수평선에 아스라이 걸려 있는 구름이 마치 산처럼 보였다. 그래서 오랫동안 항해하면 육지가 보이는 것처럼 착각하나 보다. 사막에서 오아시스 신기루를 보듯이 정말 신기하게 멀리서 육지가 손짓하는 듯했다.

오늘은 잃어버렸던 장비를 인양하는 작업 때문에 잠수정을 이용한 탐사는 하지 않았다. 오후가 되면서 구름들이 다 수평선 쪽으로 쫓겨 가고, 오랜만에 파란 하늘이 얼굴을 내밀었다. 바닷물도 덩달아 새파란 옷으로 갈아입었다. 많은 사람들이 윗옷을 벗고 갑판에서 일광욕을 하였다.

천천히 조심스럽게 끌어올리느라고 장비는 저녁 6시가 되어서야 수면 가까이 올라왔다. 그때부터가 문제였다. 배 위로 끌어올리는 것이 훨씬 더 어렵기 때문이다. 잠수정이 채취기에 위치추적장치를 부착하고 부이를 달아 놓았기 때문에 배 위로 끌어올리기 위해서는 먼저 이것들을 차례로 분리해야 한다. 선원들이 윈치 두 개와 여러 가닥의 밧줄을 이용해 장비를 배 위로 끌어올렸

잃어버렸다 찾은 상자형 시료채취기. 바다에선 말 한마디도 신중하게 하게 된다.
탐사가 잘된다고 말하는 순간 일이 생길 수 있기 때문이다.

다. 선원들은 감아올리던 줄을 다른 줄에 묶어 놓고 그사이에 부이를 제거하고, 다시 다른 줄에 연결하여 조금 더 끌어올린 다음 위치추적장치를 회수하고, 또다시 다른 줄에 연결하였다. 도대체 줄이 어떻게 연결되는지 보면서도 갈피를 잡기가 힘들었다. 끈을 가지고 마술을 부리는 듯하였다.

저녁 8시. 드디어 채취기가 거꾸로 들려 갑판으로 올려졌다. 구경하던 모든 사람들이 박수를 치면서 환호하였다. 구경하느라 모두 갑판에 나와선지 사람들이 엄청났다. 배 안 어디에 이렇게 많은 사람들이 있었는지 새삼 놀랐다. 선원 중에는 낯선 얼굴도 보였다. 배 안에는 과학자가 스무 명, 잠수정 기술자 여덟 명, 의사 한 명, 그리고 선원이 서른 명쯤 된다.

정말 대단한 인양 작업이었다. 망망대해 그것도 수심이 5천 미터나 되는 곳에 빠뜨린 장비를 이틀 만에 건져 올린 것이다. 백사장에서 동전 찾기가 이보다 더 쉬울 듯했다. 장비는 생각보다 외양이 크게 파손되지 않았다. 아마도 가라앉을 때 물의 저항이 많았고, 바닥에 미세한 진흙이 두껍게 쌓여 있어 부딪히는 충격이 크지 않았던 모양이다. 그런데 불가사의하게 채취기를 덮는 윗덮개가 파손되지도 않은 채 완전히 열려 있었다. 굵은 지지대를 제거해야 완전히 열릴 수 있는 구조인데 말이다. 바닷속에서 무슨 일이 일어났었는지 도저히 납득이 안 되었다. 이 장비 가격은 4만 유로쯤 된다고 한다. 우리 돈으로 5천6백만 원 정도다.

저녁노을은 정말 일품이었다. 저녁이 되면서 다시 끼기 시작한 구름이 합세하여 멋진 작품을 만들었다. 하늘은 불타는 듯, 구름은 화장한 듯, 바닷물은 끓어오르는 듯 하였다. 여기저기서 카메라 플래시가 터졌다. 다들 노을을 구경

탐사 회의. 매일매일 회의를 열어 그날의 탐사 결과를 함께 나누고 문제점도 해결한다.

하는 바람에 9시 회의가 10분 늦어졌다.

내일부터 3일간 아침부터 저녁까지는 잠수정을 이용한 탐사를 세 차례 더 하고, 밤에는 퇴적물 채집을 세 차례씩 하기로 하였다. 일요일에는 다음 탐사 해역으로 이동하며, 서경 131.5도에 이르면 1년 동안 계류하면서 실험할 장비를 바닷속에 넣게 된다.

그 장비는 1년 뒤(2005년)에 우리가 북동태평양으로 탐사를 나갈 때 프랑스 탐사 팀원 한 명이 함께 승선하여 회수하게 된다.

나는 프랑스 서쪽 광구에서 잠수정을 타기로 했다. 6월 중순쯤이 될 것이다.

6월 3일

새벽에 나가 보니 간밤에 작업한 팀은 거의 녹초가 되어 있었다. 모든 작업이 성공적으로 이루어져 샘플양이 엄청났기 때문이다. 샘플들을 분석하기 위한 모든 준비를 끝냈다. 이제는 모든 일이 체계적으로 잘 돌아갔다. 일출은 어제 일몰만큼이나 정열적이었다. 어제보다 훨씬 넓어진 구름 틈으로 오렌지색이 비어져 나오면서 서서히 하늘이 열렸다. 오늘은 장 폴이 잠수정을 탔다.

지난주에 요일이 표시된 달력을 만들어 두었기 때문에, 오늘 아페리티프 미팅에는 늦지 않고 참석하였다. 벌써 한 주가 지나갔다. 계속되는 철야 작업으로 간밤에 잠을 못 잔 사람들이 빠지는 바람에 참석 인원이 지난번보다 많이 줄었다. 노틸 운영요원인 자비에르가 일본에서는 술 마실 때 "감파이"라고 하는데 한국에서는 뭐라고 하느냐고 물어보았다. "건배"라고 하려다가 일본과 비슷한 것 같아 "위하여!"라고 알려 주었다. 그랬더니 잔을 들고 금세 "위하여!" 한다. 나도 프랑스어로 "아 보트르 상테!"라며 건배를 하였다.

자비에르는 체격도 크고, 액션영화 「람보」에 나오는 근육질의 주인공처럼 행동한다. 얼굴도 비슷하다. 사실 그가 하는 일을 보고 있노라면 보통 체력으로 할 수 있는 일은 아니라는 생각이 든다. 스쿠버 장비를 갖춘 그는 고무보트에서 잠수정이 떠오르기를 기다렸다가 잠수정이 떠오르면 잠수정으로 옮겨간다. 그러고는 잠수정이 배 쪽으로 접근할 때까지 잠수정 옆에 붙어서 잠수정의 안전을 책임진다. 잠수정이 배 가까이 다가오면 잠수정 위로 올라가서 잠수정을 끌어당길 모선의 밧줄을 잠수정에 연결하고, 잠수정이 배의 후갑판 근처까지 바짝 끌려가면 인양케이블을 연결한다. 수면에 떠오르자마자 미친 소처럼 이리저리 날뛰는 잠수정 위에서 마치 로데오를 하듯이 균형을 잡고 서 있는 그의 모습은 정말 대단하다.

『콘티키』를 다 읽었다. 콘티키는 잉카 문명의 전설적인 태양신 이름으로, 헤이에르달은 뗏목에도 같은 이름을 붙였다. 노르웨이에서 태어난 헤이에르달은 유명한 인류학자이자 탐험가였는데 폴리네시아 주민들이 남아메리카에서 건너갔다는 자신의 학설을 입증하기 위해 목숨을 건 뗏목 항해를 한 것이다. 남쪽에서 올라오는 훔볼트 해류는 남아메리카 페루 앞바다에서 방향을 바꾸어 서쪽으로 흘러간다. 헤이에르달은 이러한 바닷물의 흐름을 보고 만약 남아메리카 원주민들이 이 해류를 이용하였다면, 큰 힘 들이지 않고 폴리네시아로 건너갈 수 있었을 것이라고 생각하게 되었다. 그렇지만 학계에서는 동남아시아 원주민이 폴리네시아로 이주한 것으로 생각하고 있었다. 인류학에 문외한인 사람들에게는 폴리네시아 원주민이 동남아시아에서 건너갔든지 그 반대쪽인 남아메리카에서 건너왔든지 그다지 중요하지 않겠지만, 헤이에르달에게는 목숨을 걸 만큼 중요한 문제였다.

폴리네시아 고대 문명의 기원을 밝힌 헤이에르달 일행. 왼쪽에서 세 번째가 헤이에르달.

1947년 4월 28일. 헤이에르달을 포함한 여섯 명은 지금의 배처럼 최신 항해 장비를 갖춘 것도 아닌, 원시적인 뗏목 콘티키호에 몸을 실었다. 페루를 출발하여 100일이 넘게 그 넓은 태평양에서 생사를 건 항해를 해낸 이들의 용기는 감동 그 자체다. 서쪽으로 가면 폴리네시아에 도착하리란 실낱 같은 희망을 품고 오직 바람과 해류에만 의존해서 8천 킬로미터를 항해하며 쓴 일지는 정말 재미있었다. 옥에 티라면 어류 종류인 만새기를 포유류인 돌고래로 둔갑시키는 등 생물 이름을 잘못 옮긴 곳이 더러 있었다는 것이다(만새기를 영어로 dolphin fish라고 하기 때문에 돌고래와 혼동하는 경우가 많다). 태평양 한가운데서 망망대해를 바라보며 이 책을 읽으니 한층 더 실감이 났다. 헤이에르달 일행과 함께 탐험하는 듯한 착각에 빠지기도 했다. 가끔씩 책 속의 내용이 실현되었다. 뗏목으로 뛰어오른 날치를 튀겨 먹었다는 이야기를 읽은 다음날, 실제로 갑판으로 뛰어든 날치를 보았기 때문이다.

1969년 헤이에르달은 고대에 사용했던 갈대배를 만들어 이번에는 대서양 횡단을 시도하였다. 한 차례 실패 후에 곧 다시 도전하여 모로코에서 바베이도스(Barbados)까지 대서양 6천1백 킬로미터를 57일 만에 횡단하는 데 성공했다. 갈대로 만든 고대의 원시적인 배로도 대서양을 건널 수 있다는 가능성을 증명한 것이다. 그는 일흔이 다 된 나이에도 몰디브 제도 등에서 탐험에 정열을 불태웠다. 쿠스토, 헤이에르달 두 사람은 고령이 되었을 때도 탐험에 열정적이었다는 공통점이 있다. 체력과 여건이 된다면 본받았으면 싶다.

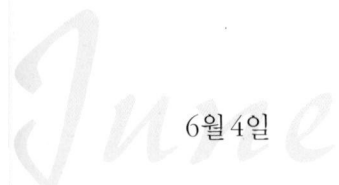

6월 4일

간밤에는 인양한 후 수리한 채취기로 퇴적물을 채취하였다. 세 번 내려보냈는데 모두 성공적이었다. 용왕을 알현(?)하고 온 효과가 나는 것인지 산전수전 다 겪고 기사회생하더니 작동이 아주 잘되었다. 그 덕분에 밤새 탐사한 사람들은 눈코 뜰 새 없이 바쁘게 보낸 티가 났다. 머리는 덥수룩하고 눈은 게슴츠레했다.

새벽 바닷바람을 쏘이러 갑판으로 나갔더니 어린 가면부비가 앉아 있었다. 머리 깃털은 갈색이고, 배에 하얀 깃털이 겨우 나기 시작했다. 살금살금 다가가도 녀석은 당최 날아갈 생각을 안 했다. 코앞까지 다가갔는데도 불안하게 쳐다볼 뿐 피하지 않는 것이 날 힘이 없는 모양이었다. 혹시 다친 것은 아닌지 유심히 살펴보았는데 그렇지는 않은 것 같았다. 가까이에서 사진을 몇 장 찍

밤샘 작업으로 지쳐 있는 페르로.
뒷모습이 로댕의 「생각하는 사람」을 연상시킨다.

그물로 둘러싸인 마스트. 쉼터를 잃어버린 새들은 어디로 날아갈까.

고 걱정스런 마음을 뒤로한 채 아침 일과를 시작하였다.

9시 30분. 하와이대학교의 크레이그 스미스 교수가 탐사 인원 중 프랑스 과학자가 아닌 사람으로는 처음으로 잠수정을 타고 내려갔다. 여느 때처럼 탑승자들을 환송하였다. 하와이대학교의 파이시스 잠수정을 타 본 경험이 많은데도 크레이그 낯빛에는 긴장이 역력했다.

하늘에 구름이 걷혀 기분이 명랑해졌다. 바닷물은 은가루를 뿌려 놓은 듯 물결칠 때마다 반짝였다. 오전에는 현미경으로 채집한 망간단괴에 붙어 사는 생물들 사진을 찍었다. 유공충과 히드라충, 갯지렁이가 가장 흔했다.

낮에 갑판에 가 보니 새벽녘에 보았던 가면부비가 보이지 않았다. 아마 기력을 되찾아 날아간 모양이다. 다행이다. 이곳에서 10여 일째 탐사하는 동안 지나가는 배 한 척 보지 못했다. 이곳이 항로가 아니기 때문일 것이다. 우리말고 물 밖에서 눈에 보이는 생물은 바닷새뿐이었다. 그래서인지 이 '손님들'이 그렇게 반가울 수가 없었다.

선원들이 갑판을 청소하였다. 마스트 꼭대기에 앉은 바닷새들이 부지런히 분뇨를 떨어뜨려 갑판이 온통 하얬는데 금세 깨끗해졌다. 청소를 마친 후 선원들은 새가 앉지 못하게 마스트에 그물을 둘러 놓았다. 청소하기는 힘들겠지만, 그래도 새들이 망망대해에서 몸에 물 안 묻히고 날개를 쉴 수 있는 유일한

124

신고식을 준비하고 있는 가브리엘라(왼쪽)와 아드리안(오른쪽).
크레이그에게 발라 줄 진흙물을 만들고 있다.

신고식을 치른 크레이그. 하와이대학교 교수인 크레이그는 펄 속에 사는 갯지렁이를 연구한다.

장소라서 너무 야박하다는 생각이 들었다. 새들이 어디로 갔을까 하고 둘러보
니 7~8마리가 배에서 가장 높이 솟은 마스트 위에 빙 둘러앉아 있었다. 아래
쪽 마스트에 못 앉게 하니 위쪽 마스트로 이사를 가 버렸다. 이제 그곳도 그물
을 둘러쓰게 될지 모르겠다.

　아드리안과 가브리엘라는 크레이그가 잠수정에서 내리면 거행할 환영식을
준비하였다. 걸상에 진흙을 잔뜩 묻혀 놓고, 여느 때처럼 불량음료처럼 보이
는 보라색 액체를 만들고, 진흙을 물에 풀어 양동이에 담아 두었다. 6시 30분

126

잠수정이 돌아왔다. 크레이그는 상당히 상기된 낯빛으로 잠수정에서 내렸다.

여느 신고식과 마찬가지로 크레이그도 반바지만 입고는 미리 마련해 둔 진흙 묻은 의자에 앉았다. 아드리안이 크레이그 온몸에 진흙을 발랐다. 방금 머드 레슬링 끝낸 사람처럼 크레이그는 어디가 코고 입인지 구분이 안 되었다. 크레이그가 연구하는 생물이 펄 속에 사는 갯지렁이기 때문에 신고식의 주제는 진흙이었다. 크레이그는 불량음료를 마시고, 마지막으로 물세례를 받았다. 그게 전통이라니, 싫어도 로마에 가면 로마법을 따를 수밖에. 크레이그는 그렇지 않아도 추운 심해에서 나온 터라 물세례를 받고는 사시나무 떨듯 온몸을 떨었다. 이곳의 낮 기온은 섭씨 25도 정도인데, 저녁때가 되고 배 그림자에 응달이 지니 가을 날씨처럼 선선해졌다.

오늘 석양은 탐사 나와서 본 것 중에서 가장 멋있었다. 높고 푸른 하늘을 배경으로 하얀 새털구름이 떠 있고, 그 아래로는 양떼처럼 생긴 짙은 회색 구름들이 낮게 떠 있었다. 그리고 구름 속에서는 태양이 오렌지색 조명을 비추고 있었다. 어떤 그림도 이보다 더 아름다울 수는 없을 것이다. 혼자 보기에는 너무나 아까운 일몰이었다. 기억에 남기려고 연신 카메라 셔터를 눌러 댔다. 그런데 탐사 회의 때문에 태양이 수평선으로 넘어가는 것은 아쉽게도 보지 못하고 말았다.

회의에서 크레이그가 탐사 결과를 발표하였다. 프랑스 과학자들이 잠수정 태워 준 생색을 내려는지 장난조로 프랑스어로 발표하라고 요구했다. 크레이그는 마침 고등학교 때 프랑스어를 외국어로 공부했기 때문에, 짧은 프랑스어 몇 마디로 성의를 보일 수가 있었다. 그러고는 곧 영어로 상황을 자세히 설명

항해 기간 중 가장 인상적이었던 일몰. 이날 오랫동안 일몰을 바라보았다.

하였다. 오르내릴 때는 해파리 종류를 제외하고는 별다른 생물을 보지 못했지만, 생물학자답게 심해 바닥에서는 해삼·산호·해면·거미불가사리·성게·불가사리 등 많은 생물을 보았다고 했다. 문어도 두 종류 보았는데 그중 하나가 코끼리 귀처럼 날개가 큰 '덤보'라는 것이었다. 생물뿐만 아니라 심해 생물이 활동하면서 남긴 흔적들도 많이 발견하였다고 한다.

채집해 온 망간단괴 중에서 큰 것은 어린아이 머리만 하고, 작은 것은 어른 주먹만 하였다. 크레이그는 지난 1978년 미국이 망간단괴를 채집하던 곳과 그 주변도 둘러보았는데, 사람의 손이 가지 않은 곳에 생물이 더 많았다고 했다. 태평양 바다 수온이 섭씨 1.4도여서 잠수정 내부가 무척 추웠다며 다음 사람은 따뜻한 옷을 챙겨 가라는 말도 잊지 않았다.

6월 5일

평소보다 좀 이르게 이메일을 확인하였다. 이른 시간이라야 사람이 적어 사용하기가 편하다. 이메일을 읽거나 쓸 때면 가족에 대한 그리움에 눈시울이 붉어지고, 기분도 울적해져 "봉주르ㅡ!" 하는 아침 인사 받기가 거북할 때가 있다. 이메일이 와 있었다. 아내는 그동안 집안에서 있었던 일을, 연구원에서는 연구과제 진행 상황을 알려 주었다. 한국은 지금 30도가 넘는 무더위에 땀을 흘리고 있다고 한다. 이곳은 위도로 보면 한국보다 훨씬 적도 쪽에 가깝지만 바다 한가운데라 기온이 25도쯤밖에 안 된다. 수온도 기온과 그다지 차이가 나지 않는다. 냉방이 잘돼서 방은 오히려 춥다. 저온실험실은 아예 한겨울이고. 아들 형석이가 내 생일이라고 생일 케이크를 그려 이메일로 보냈는데 내가 받지 못해 속상했던 모양이다. 아마 용량이 커서 배달이 안 된 것 같았다. 컴퓨터 바이러스 때문인지 요즘 한국에서 오는 모든 메일은 스팸메일로 분류되어 도착했다.

오늘은 아닉이 잠수정을 탔다. 일요일에는 잠수정을 운용하지 않기 때문에 프랑스 동쪽 광구에서 탐사하는 것은 오늘이 마지막이다. 며칠 전 점심을 먹으며 아닉과 이야기할 기회가 있었다. 1970년대 말에서 1980년대 초 프랑스의 지원으로 한국 학생들이 프랑스로 유학을 많이 갔는데 아닉은 그 시절에 같이 공부했던 한국 유학생들을 몇 명 알고 있었다. 현재 한국해양연구원 원장으로 재직 중인 변상경 박사도 그 당시 같이 공부했었다면서 돌아가면 안부를 전해 달라고 했다. 줄리가 자기가 찍은 현미경 사진을 보여 주면서 무슨 생물인지 알려 달라고 했다. 그동안 채집한 망간단괴의 표면에 붙어 사는 작은 생물들을 현미경으로 찍은 것 같았다. 그간 나도 꽤 사진을 찍어 노트북에 잘 정리해 두었다. 일부는 내 눈에 익은 생물이었지만, 대부분은 내가 연구하는 플랑크톤이 아니라서 어떤 종류인지만 알 뿐 구체적인 이름은 알 수 없었다. 더군다나 심해에 사는 생물들은 잘 알려져 있지 않아, 학명도 없는 생물이 대부분이었다. 내가 말한 것을 일일이 사진 옆에다 기록하는 줄리를 보니, 설명하면서도 좀 부담스러웠다. 혹시 잘못 알려 주는 것이 있지나 않나 해서.

잠수정 항해사인 기 레클레르, 올드 알렉시와 한 식탁에서 점심을 먹었다. 레클레르에게 잠수정에 관해 궁금한 것들을 물어보았다. 노틸은 모두 여덟 명이 관리하는데 조종사가 두 명, 부조종사가 두 명, 기술자가 두 명, 항해사가

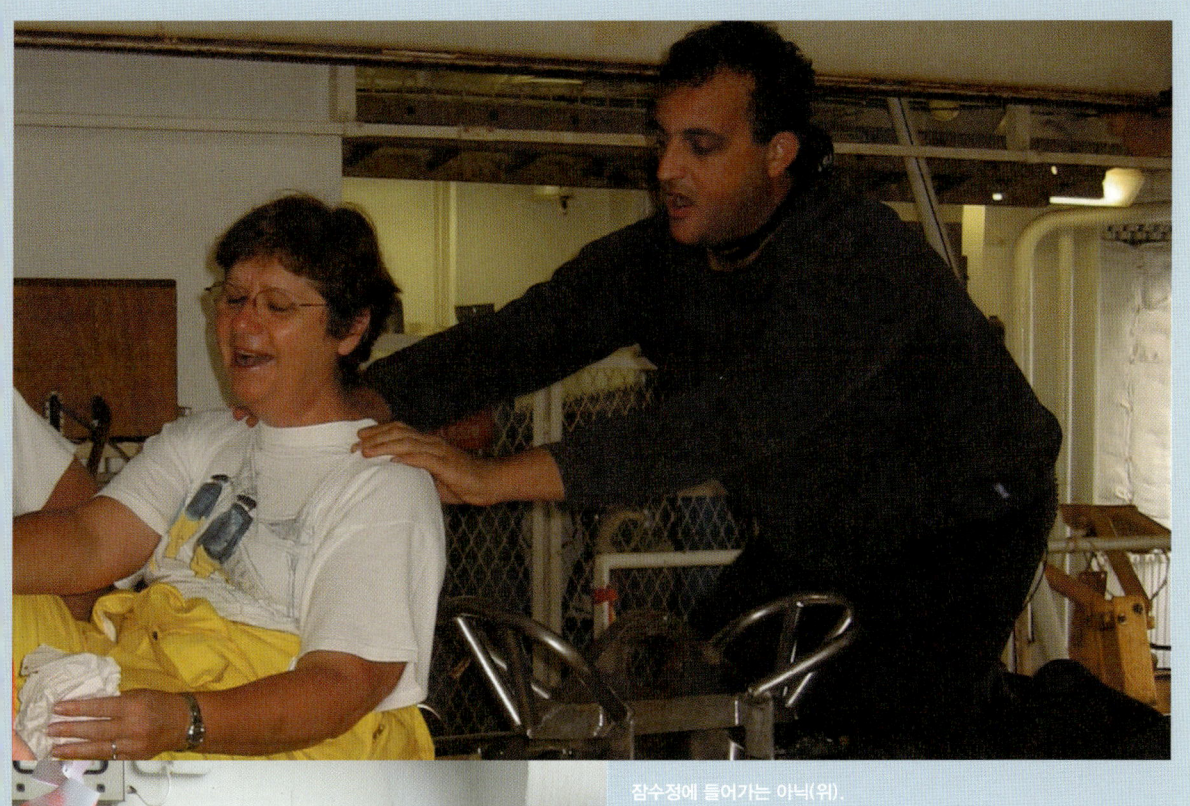

잠수정에 들어가는 아닉(위).
아닉은 신고식에서 해류측정장치를 본뜬 모자를 썼다(아래).

두 명이라고 한다. 노틸은 1985년에 만들어졌다니 벌써 20년이나 된 셈이다. 지난 20년 동안 세계 곳곳을 누비며 심해를 탐사했고, 타이타닉호를 찾기 위해 잠수도 했다. 10년 전만 해도 잠수정 운용 예산이 많아 1년에 넉 달은 탐사했는데, 최근에는 예산이 줄어 1년에 두세 달만 탐사한다고 한다. 사회주의 색채가 강하던 좌파 정부 시절에는 연구비가 많았는데 자본주의 성향이 강한 우파가 정권을 잡으면서 예산이 줄어들었다는 것이다. 그래서 올해 초에는 과학자들이 모든 과학 행정 업무에서 손을 떼기로 보이콧을 한 적도 있다. 이 탐사 바로 직전에는 멕시코 만사니요 근처의 열수분출공 주변을 탐사했다고 한다. 바닷속에서 화산 활동이 일어나는 열수분출공 주변은 심해생물들이 많아 잠수하면 구경거리가 많은 장소다.

오늘도 선원들과 바닷새 사이에 전쟁이 일어났다. 새똥이 갑판에 떨어지면 쇠가 빨리 부식되기 때문에 선원들은 새를 너무 싫어한다. 마스트에 그물을 쳐 놓은 보람도 없이 새들이 분뇨폭탄을 떨어뜨려 놓았다. 새들은 처음에는 그물에 앉기를 주저하다가 그물이 눈에 익으니 이제는 상관 않고 날개를 쉬면서 깃털을 골랐다. 바닷새들은 깃털을 잘 골라야 물 속으로 잠수했을 때 젖지 않기 때문에 깃털 손질에 정성을 들인다.

선원들은 또 다른 묘안을 생각해 냈다. 압축 공기가 "쉭쉭-!" 소리를 내면서 나오는 노즐이 달린 고무호스를 마스트 꼭대기에 매달아 놓았다. 새가 앉으면 밸브를 열어 공기가 "쉭쉭-!" 소리를 내며 나오게 하고, 그 힘으로 노즐 끝이 마치 뱀 대가리처럼 흔들거리게 해 놓았다. 새들은 처음 몇 번은 앉자마자 놀라서 다시 날아올랐다. 그러나 곧 큰 위협이 안 된다는 사실을 알고는, 제법 소리가 크고 노즐이 격렬하게 흔들리는데도 소 닭 보듯 신경도 안 썼다. 인간과 새들의 전쟁에서 오늘도 새들이 승리하였다. 내일은 선원들에게서 어떤 전술이 나올지 참 흥미진진한 구경거리다.

7시가 넘어서 아닉이 돌아왔다. 아닉도 처음 잠수정을 탔기 때문에 예외없이 신고식을 치렀다. 아닉은 오십대 아줌마로 이런 신고식이 마음에 들지 않는 듯 떨떠름한 표정을 지으면서도 순순히 갑판으로 끌려 나왔다. 자기 전공 분야인 해류를 측정하는 장치를 본떠 우스꽝스럽게 만든 모자를 쓴 아닉은 여느 때와 다름없이 내용물을 파악할 수 없는 불량음료를 마시고, 구정물을 뒤집어쓰고, 마지막에는 수돗물로 물세례를 받았다. 짓궂은 선원들이 어깨에 시꺼먼 기름도 묻혀 놓았다. 씻으려면 꽤 힘들 텐데. 그래도 태평양 5천 미터 속을 들어갔다 나왔으니 그쯤이야 참을 수 있겠지.

9시 회의에서는 내일 일요일 탐사 일정을 정했다. 일요일은 잠수정 대신 시료채취기를 이용해서 하루 꼬박 탐사한다. 내일은 탐사 일정 가운데 가장 힘든 날이 될 것이다. 그렇지만 그 일이 끝나면 다음 탐사 해역까지 이동하는 약 5일 동안은 조금 한가해진다.

6월 6일 *June*

현충일이자 일요일이다. 우리나라에서는 공휴일이 일요일과 겹쳐 직장인들은 무척 아쉽게 하루를 보내고 있을 것이다. 탐사 중에는 그 요일이 그 요일이니까 나야 뭐 손해보았다는 생각은 별로 안 든다. 일요일에는 식단이 좀 특별나다. 우선 식사 때마다 나오는 포도주가 고급으로 바뀐다. 요리도 색다르게 나오는데, 오늘은 전채로 샐러드가 나온 데 이어 새우와 가리비 요리가 나왔고 메인요리로 특이한 고기가 나왔다. 뒷맛이 약간 비려 혹시 거위 간으로 만든 요리냐고 물었더니 캥거루고기란다. 특별한 요리가 나오는 날이면 이야기 주제는 자연스럽게 먹을 것으로 흐른다. 필립은 발사나무로 만든 배를 타고 볼리비아에서 일주일 동안 정글을 탐험한 적이 있는데, 그때 원숭이고기를 먹어 보았다고 한다. 발사나무는 남아메리카에서 자라는데 목질이 가벼워 물에 잘 뜨기 때문에 오래전부터 뗏목 등을 만드는 데 활용되었다. 헤이에르달이 폴리네시아까지 타고 간 뗏목 콘티키도 발사나무로 만든 것이다. 이에 질세라 아드리안도 페루와 볼리비아에 갔던 이야기를 늘어놓았다. 크레이그는 오래전에 중국 산야〔三亞〕에서 열린 국제해저기구 심포지엄에 참석하였다가 들른 중국 식당 이야기를 했다. 메뉴가 모두 중국어로 쓰여 있어 주방에 들어가 직접 생선을 보고 주문했는데, 고른 생선을 보는 앞에서 큰 칼로 토막 내던 것이 기억에 남았던가 보다. 하긴 중국인들이 요리할 때 쓰는 커다란 칼은 보기에 섬뜩하기는 하다.

프랑스 사람들은 입에 침이 마르도록 치즈를 자랑했다. 치즈가 약 4백 종류나 된다는 것이다. 그중 필립을 비롯한 많은 프랑스 사람들이 강력하게 추천하는 치즈는 군데군데 푸른곰팡이가 피어 있는 로크포르(roquefort)치즈. 권하는 바람에 배불리 잔뜩 먹었는데도 그 치즈를 잘라다가 바게트에 발라 먹고 포도주와 함께 먹어도 보았다. 치즈 맛이 너무 강해서 나는 솔직히 별로였다.

일본에는 슈퍼마켓에서 파는 라면(라멘)만 4백여 종
류가 된다고 한다. 여기다가 식당에서 조리해서 파는
라면까지 합하면 그 수가 엄청나다. 프랑스에 수백
가지의 치즈가 있고 일본에 수백 가지의 라면이 있다
면, 우리나라에는 수백 가지의 김치와 젓갈이 있다.
크레이그는 작년(2003년)에 한국을 방문했을 때 김치
맛을 보았기 때문에 김치 예찬론자가 되어 있었다.
마사시도 요즘 일본에서 한국식 기무치가 유행이라
김치 맛을 알고 있었다. 우리나라에 김치박물관이 있
듯이 일본에는 라면박물관이 있다고 한다.

생물 사진을 찍었던 현미경.
누군가가 재미있게 그림을
그려 놓았다.

〈르 몽드〉 신문 기사를 정리한 이메일이 가끔씩 온다. 탐사 팀원 전원에게
보내는 것 같았다. 프랑스어로 쓰여 있는 데다가 프랑스 소식이라 건성으로
보거나 아예 그냥 넘어가곤 하였다. 오늘도 그랬는데 필립 사제가 전 미국 대
통령 레이건이 사망했다는 소식을 전해 주었다. 레이건이 최근에 알츠하이머
병으로 고생했는데 오히려 잘되지 않았느냐고 했더니, 크레이그가 이란-콘
트라 사건 청문회 때 레이건이 기억이 나지 않는다고 한 것을 비꼬아, 레이건
은 대통령 재직시부터 치매 증세가 있었다고 해서 모두들 웃었다. 그러자 다
들 한마디씩 정치인들의 치매 증세에 대해 이야기를 늘어놓았다. 우리나라도
그렇지만 어느 나라에나 기억이 안 난다고 발뺌하는 정치인들이 흔한 모양이
다. 곧이어 클린턴의 아랫도리에 관한 스캔들이 도마에 올랐고, 부시가 그 뒤
를 이었다. 플로리다 주에서의 재검표를 겨냥한 듯 국민들이 선출한 대통령이

아니라 대법원에서 뽑은 대통령이라는 둥, 골목대장마냥 온 세계를 다 간섭하며 싸움질을 한다는 둥, 부시에 대한 평은 전반적으로 부정적이었다.

오늘은 설치해 놓았던 트랜스폰더 세 개를 회수하였다. 트랜스폰더는 해저에서 정확한 위치를 파악하는 데 필수적인 장비다. 동쪽 광구에서 마지막 작업이기 때문에, 남은 힘을 다 모아 채취기로 샘플을 얻었다. 이제는 채취기 성공률이 백 퍼센트다. 망간단괴 표면에 붙어 사는 생물들의 현미경 사진을 찍었다. 유공충, 히드로충, 석회관갯지렁이, 해면 등이 흔했다.

오늘은 탐사 회의가 없어 밤 시간이 훨씬 여유로웠다. 자기 전에 영화를 보았다. 영화 보는 것을 그다지 즐기지 않기 때문에 평소에는 극장에 잘 가지 않는다. 배 안에도 영화관이 있는데 아직 문턱을 넘어 본 적이 없다. 처음 며칠 동안은 사람들이 영화관에 드나들었는데 탐사 작업이 시작되고 나서는 영화관이 조용해졌다. 탐사 작업을 모두 마치고 누벨칼레도니로 가는 동안에는 다시 떠들썩할 것이다. 내가 영화를 보는 유일한 시간은 출장 때 비행기 안이나 탐사 나가 배 안에 있을 때뿐이다. 이때 1년 동안의 문화생활을 다 한다. 남들이 영화 이야기를 하면 소 귀에 경 읽기일 경우가 비일비재한데 이렇게 비행기나 배에서 본 영화를 밑천 삼아 간신히 이야기에 끼여든다.

이번에는 동료들이 배 안에서 심심하면 보라고 하드디스크에 영화 파일을 잔뜩 복사해 주었다. 오늘부터 한 편씩 보더라도 배에서 내릴 때까지 다 못 볼 분량이다. 오늘 본 것은 「동해물과 백두산이」라는 영화였는데, 우선 모처럼 우리말을 들으니 반가웠고, 영화도 재미있었다. 요즘은 우리나라도 영화를 참 재미있게 잘 만드는 것 같다. 영화에는 문외한이지만 할리우드 영화와 견주어 조금도 손색이 없다고 생각한다. 그런데 책이나 영화를 보면 꼭 '옥의 티'가 눈에 띈다. 노 젓는 배를 타고 동해안을 탈출한 북한 해군 두 명이 야자수가 자라는 열대지방 바닷가 어딘가에 도착하는 마지막 장면은 해류를 전혀 고려하지 않은 허무맹랑한 것이다. 영화니까 그냥 보고 즐기라고 하면 어쩔 수 없겠지만.

6월 7일

새벽까지 마지막 탐사 작업을 마무리하고 다음 탐사 해역인 서경 150도, 북위 9도로 이동하기 시작했다. 그곳까지는 5일 정도 걸린다. 하늘에 구름이 잔뜩 끼어 날씨가 음산했다. 오늘은 승선한 지 4주째로 접어드는 첫날이니, 탐사 일정의 꼭 절반을 넘긴 날이다. 이제 지나온 날보다 남은 날이 더 적다. 고개를 넘은 셈이다. 내리막길에서는 속도가 더 빨라지니, 이제 시간도 더 빨리 갈 것이다.

해가 중천에 걸리면서 구름이 많이 걷혔다. 12시경 서경 131.5도, 북위 13.7도에 도착하여 실험 장비 세 개를 바닷속에 떨어뜨렸다. 이 실험은 심해생물들이 먹이양이 다른 조건에서 어떻게 새로이 군집을 만드는지 조사하는 것이다. 즉 토질이 다른 새로운 땅이 생겼을 때 어떤 생물들이 얼마나 많이, 그리고 얼마나 빠르게 집을 짓고 사는지 확인하는 작업이다. 인간이 심해저에 널려 있는 망간단괴를 얻으려고 바다을 파헤치면, 그곳에 살던 생물들이 피해를 입는 것은 불 보듯 뻔하다. 한참 시간이 흘러야 다시 생물들이 모여들 것이다. 이러한 실험은 생물들이 살아가는 모습을 조사하여 되도록 생태계를 덜 훼손하면서 자원을 개발하기 위한 것이다.

이 장비들은 내년(2005년) 여름에 우리나라가 북동태평양에 탐사를 나갈 때 회수할 예정이다. 수심 5천 미터 바닥에 가라앉은 무거운 장비를 어떻게 회수하는지 궁금해 할지 모르겠다. 장비 아래쪽에는 추의 역할을 하는 무거운 쇠판, 위쪽에는 부이가 여섯 개 달려 있다. 쇠판은, 소리 신호를 보내 고리를 풀수 있는 수중음파분리기(AR)라는 장비와 연결되어 있다. 내년에 이곳에 다시와서 음파를 쏘면 쇠판의 고리가 풀리면서 쇠판이 떨어져 나가고, 장비는 부이에 매달려 물 위로 떠오르게 된다.

장비를 내리기 위해 배가 서 있는 사이에 선원 한 명이 낚시로 만새기를 잡았다. 만새기는 영어로 'dolphin fish'라고 하고 폴리네시아 원주민들은 '마히마히'라고 부른다. 만새기는 머리 뒤부터 꼬리지느러미 있는 곳까지 등 전체에 기다란 등지느러미가 나 있다. 몸 색깔은 노란색, 파란색, 녹색이 어우러져 화려하다. 만새기는 갑판 위로 끌려 올라와서도 한참 동안 피를 흘리면서 몸부림쳤다. 예쁜 몸빛이 선홍색 피로 물들어 있어 차라리 안 보았으면 좋을 뻔했다. 만새기는 맛이 좋아 폴리네시아에서는 인기 만점이다. 오늘 잡힌 것은 내일 갑판에서 열릴 파티에 쓴다고 한다.

배는 평상시보다 빠른 14.2노트 속력으로 서쪽 광구를 향해 다시 힘차게 물살을 가르기 시작했다. 잃어버렸던 장비를 찾느라고 허비한 시간을 벌기 위해서다. 노틸이 잠수할 수 있도록 늦어도 금요일 새벽까지는 도착할 예정이다. 구름이 걷힌 하늘에서는 햇빛이 눈부시게 쏟아졌다. 선원들은 이곳저곳 칠이

벗겨진 데를 새로 칠하고, 고무보트의 엔진도 손보고, 장비도 세척하면서 오후를 보냈다.

4시 30분에는 서쪽 광구에서 수행할 탐사 계획을 짜기 위해 회의가 열렸다. 잠수정은 당초 계획에서 한 번 줄여 네 번만 잠수하기로 하였다. 동쪽 광구에서도 열두 번 잠수하기로 하였다가 열한 번만 잠수했었다. 서쪽 광구에서 잠수정 탈 사람을 결정하였는데, 외국인 과학자로는 나와 페드로, 나머지 두 명은 프랑스 과학자가 타기로 했다. 잠수정을 타려고 탐사책임자인 조엘 갈레롱에게 개인적으로 이야기한 사람도 있는 모양이다. 못 타게 된 사람들은 못내 섭섭한 눈치였다.

오늘 밤 12시부터 시계를 1시간 늦춘다. 해가 지는 서쪽으로 이동하고 있기 때문이다. 날짜변경선까지 경도가 40~50도 남았고, 15도마다 1시간씩 차이가 나니, 날짜변경선을 넘기 전까지는 두세 번 더 1시간을 덤으로 얻는다.

6월 8일

1시간이 늘어났기 때문에 아침 시간이 꽤나 여유로웠다. 오전에 일부 탐사 인원은 그동안 동쪽 광구에서 채집한 퇴적물에서 생물을 골라내는 작업을 하였고, 특별히 할 일이 없는 사람들은 쉬었다. 나는 쿡 선장에 대한 책을 읽었는데, 태평양 한가운데서 200여 년을 거슬러 올라가 또 다른 태평양 항해를 한 셈이다.

갑판에 만들어 놓은 간이 수영장.

아침에 하늘을 덮었던 구름이 어디론가 사라져 햇볕이 따가웠다. 수영장을 만들어 놓았다고 하여, 점심을 먹고 갑판으로 나갔더니 정말 조그만 간이 수영장이 새로 생겼다. 갑판 한구석에 나무 울타리가 쳐진 수영장 안에는 두꺼운 비닐이 깔려 있었다. 갑판에서는 여러 명이 옷을 벗고 일광욕하고 있었다. 그런데 줄리와 마리온이 비키니 수영복을 입고 있어 눈을 어디다 두어야 할지 당황스러웠다.

수영장 안에는 니콜과 마리가 있었다. 두 사람도 비키니 수영복을 입고 있었다. 수영하겠느냐고 묻는데, 수영장이 좁아서 내가 들어가면 살이 서로 닿을 것 같았다. 수영장은 그저 대여섯 명 정도 들어가면 꽉 찰 크기였다. 수영장 물은 바닷물이 아닌 담수였다. 배 안에서는 항구에서 채워 놓은 담수를 쓰기 때문에 자연히 담수가 귀할 수밖에 없다. 배에 같이 승선한 의사가 수영장 물에 소독용 염소를 넣었다고 했다. 수영장 물을 매일 갈 수가 없으니 소독약을 넣은 모양이다. 그래선지 수영장에서 흔히 나는 염소 냄새가 바닷바람에 실려 코끝에 와 닿았다.

의사는 나이가 지긋한 할아버지다. 외과의사로 수술이 필요한 응급환자가 생겼을 때를 대비해 같이 탄 것이다. 배가 태평양 한가운데 있기 때문에 맹장염환자 같은 응급환자가 발생하면 그야말로 속수무책이다. 의료진이 배로 온다고 해도 5~6일은 걸리기 때문이다. 헬리콥터도 올 수 없는 위치다. 그래서 육지 멀리 해양 탐사를 나가면 항상 응급환자가 생길까 봐 걱정된다.

갑판에서 눈 둘 곳을 찾다가 하늘을 쳐다보았는데, 마스트에 부비들이 한 마리도 안 보였다. 어찌된 일일까 궁금해서 자세히 살펴보았더니, 글쎄 부비들이 앉던 곳에 쇠그물을 잘라 만든 철조망을 빙 둘러 쳐 놓았지 뭔가. 발판이 온통 날카로운 철사가시니, 아무리 기발한 재주가 있더라도 못 앉았으리라.

결국 새들과 인간의 싸움에서 사람이 승리한 것이다. 선원들은 갑판 청소에 신경을 안 써서 좋겠지만, 부비들은 이제 휴식 장소를 잃어버렸다. 그래서인지 부비들은 휴식 장소라도 찾는 듯이 하늘 높이 떠 있었다. 부비는 산란기 때만 빼놓고는 바다 한가운데서 생활하는 새니까 별문제가 없는데, 쓸데없이 걱정했는지도 모르겠다.

의사 다니엘. 외과의사인 그는 응급환자를 대비해 함께 탄 것이다.

저녁에 갑판에서 바비큐파티를 하였다. 소고기, 배에서 잡은 만새기, 소시지 등을 장작불에 구워 먹었다. 여러 나라 사람들이 모이다 보니 파티 분위기도 다국적이다. 이봉은 음향기기를 들고 나와 디제이를 하였다. 지난번에 복사했던 우리나라 음악 파일 중 한 곡을 틀었다. 이봉이 흥을 돋우는 데 적합하다고 선택한 노래는 '이박사'라는 가수의 것이었다. 나도 처음 들은 노랜데 내 취향은 아니었다. 오히려 느닷없이 특이한 노래가 나와서 파티 분위기가 잠시 어색해졌다.

　이봉은 샹송「샹젤리제」를 일본어로 부른 노래를 골랐고, 그 외 스페인·멕시코·캐나다 음악도 틀었다. 파티에는 10여 가지의 포도주를 비롯해 맥주, 위스키, 칵테일, 안주 들이 풍성하였다. 해가 뉘엿뉘엿 수평선으로 넘어가면서 펼쳐지는 황홀한 바다 풍경, 장작불에서 지글거리며 익는 고기, 신나는 음악이 파티 분위기를 한층 고조시켰다. 니콜이 부르고뉴 지방에서 만든 포도주를 강권하는 바람에 그동안 눈 다래끼 때문에 안 마시던 술을 조금 마셨다.

6월 9일

꿈 때문에 놀라서 잠에서 깨어났다. 꿈이 너무나 생생했다. 여동생 친구가, 아내가 교통사고로 죽었다고 나한테 전화했다. 경찰차가 들이받았다는 것이다. 연구실에 있던 나는 그럴 리가 없다고 소리쳤다. 사실을 확인하려고 전화번호 적어 놓은 수첩을 이리저리 뒤적이는데, 전화번호를 영 찾을 수가 없었다. 그런데 누가 들어와 전화를 사용하려고 했다. 나는 나가라고 버럭 소리를 질렀다. 곧이어 큰어머니와 사촌형이 아들을 데리고 내 방으로 찾아왔다. 그런데 금세 아들이 보이지 않는 것이다. 엄마가 없으니 스스로 무엇을 해야 한다면서 어디론가 간 것 같았다. 이쯤에서 잠이 깨었다.

머리맡의 등을 켜고 시계를 보았다. 새벽 2시. 손목시계에서 얼른 우리나라 시간을 찾아보았다. 6월 9일 오후 6시. 아내가 차를 몰고 학교에서 집으로 돌아올 퇴근 시간이다. 괜히 걱정되어서 꿈을 다시 곰곰이 생각해 보았다. 불을 끄고 다시 잠을 청했는데 영 잠이 오지 않았다.

눈이 어둠에 익숙해지자, 안경을 쓰고 창밖을 내다보았다. 간간이 떠 있는 구름 사이로 별빛이 아주 아름다웠다. 북두칠성도 낮게 떠 있었다. 다시 침대에 누웠다. 그래도 걱정에 잠이 안 왔다. 잠자기를 포기하고 꿈속에서 일어났던 일을 잊어버리기 전에 기록해 놓았다. 꿈은 정반대라니 정말 아무 일 없어야 할 텐데. 집을 오랫동안 떠나 있어서 걱정 때문에 꿈을 꾸었나 보다. 평소 꿈을 잘 안 꾸는 편인데.

9년 전, 아버지가 돌아가시기 며칠 전에 오래전에 돌아가신 셋째 외삼촌 꿈을 꾸었던 적이 있다. 평소에 많이 생각하던 것이 꿈에 보인다고 알고 있어서인지, 그 꿈은 전혀 뜻밖이었다. 외삼촌 얼굴은 아주 생생하게 보였으나, 심하게 부패된 냄새가 났다. 조상이 꿈에 보이면 안 좋다는 이야기를 들어 그때도 기분이 좋지 않았다. 이후로는 어쩌다 꿈을 꾸고 나면 괜히 불안했다.

장기간 출장을 가면 별의별 걱정이 다 든다. 여러 가지 사고가 하도 많이 일어나는 세상이니 항상 식구들이 걱정된다. 아직은 건강하시지만 연세가 많으

신 어머니가 특히 걱정된다. 문득 돌아가신 아버지 생각이 난다. 박정희 정권 말기 때 일이다. 언론사에 계셨던 관계로 아버지는 대학교에서 유신 반대 데모를 한다는 소식을 누구보다 빨리 아셨는데 그때마다 내가 언제 학교에 갔고, 집으로 언제 돌아온다고 했는지 항상 어머니께 전화해 물어보셨다. 그 당시 아버지와 엇비슷한 나이에 들어선 나 역시 괜히 식구들 걱정을 달고 다닌다.

책을 읽다 잠들었다가 6시 30분경 일어났다. 샤워하고 커피 마시고 이메일을 확인하였다. 아내와 아들에게서, 그리고 연구원에서 이메일이 와 있었다. 아내는 학기 말이라서 학교일로 바쁘다는 내용과 어머니, 아이들의 근황도 자세히 적어 보냈다. 아내는 새벽 5시 30분이면 일어나는데 고등학생인 딸이 아침 6시 30분에 학교버스를 타야 하기 때문이다. 딸아이와 등교 전쟁을 치르고 조금 있다가는 아들을 학교 보내고 출근할 아내 모습이 눈에 선하다.

이메일을 받고 나니 밤새 걱정한 것이 조금 가신다. 운전 조심하라고 답장을 보냈다. 연구원 편집간사가 학술지 특별호 건이 잘 진행되어 편집이 거의 마무리되었다는 소식을 보내왔다. 마무리를 못하고 온 것이 마음에 걸렸는데 한시름 놓았다. 그동안 바쁘게 보냈을 간사에게 미안한 마음을 담아 이메일을 보냈다.

오후에는 망간단괴에 붙어 사는 생물의 현미경 사진을 찍었다. 배가 전속력으로 달려 흔들리는 바람에 사진 찍기가 여간 힘든 게 아니었다. 망간단괴는 시꺼먼 감자처럼 보이지만 현미경으로 들여다보면 그 표면이 참 재미있다. 깊은 계곡도 있고, 둥글게 부풀어 오른 구릉지도 있다. 그리고 군데군데에서 여러 생물들이 그곳을 보금자리 삼아 살고 있는 것도 볼 수 있다. 특히 갈라진 틈이나 움푹 팬 곳에 생물들이 많다. 군체를 이루는 유공충이 가장 많고, 석회 성분으로 된 관 속에서 사는 갯지렁이들, 가장 하등한 다세포동물인 해면, 자포동물에 속하는 히드로충 등도 흔하게 발견되었다.

저녁에 소혀로 만든 요리가 나왔는데, 노린내 비슷한 냄새가 나서 조금 먹다 말았다. 배를 탄 후 음식이 입에 맞지 않기는 처음이다. 예전에도 텅스튜를 먹어 본 적이 있지만, 이번처럼 맛이 이상하지는 않았다. 오히려 소혀는 다른 부위보다 연해서 맛이 색다르다. 가만 보니 아드리안도 입에 안 맞는지 먹지 않고 대부분 프랑스 사람들조차도 그랬다. 필립은 맛있다고 자꾸 먹으라고 하더니 결국엔 자기도 먹지 않았다. 전채요리와 디저트로 나온 망고와 오렌지로 배를 채웠다. 요즘 육류를 너무 많이 먹는 것 같아 걱정했는데 오히려 잘되었다. 탐사를 시작하고 나서는 탁구 칠 기회가 줄어들어, 자기 전에 팔굽혀펴기와 윗몸일으키기를 하고 있다.

서경 145도 가까이에 이르렀는데, 시계를 1시간 늦춰 놓아서 해 지는 시간은 거의 비슷했다. 9시 15분이었는데 구름 낀 하늘이 감감하지는 않았다. 이봉이 공유 파일로 올려 놓은 컨트리 뮤직을 복사하여 들었다. 캐나다 퀘벡 출신 가수가 프랑스어로 부른 것과 미국 것이 40여 곡 있었는데, 대부분 귀에 익고 좋아하는 곡들이었다. 이봉은 내가 복사해 준 우리 음악도 공유 파일에 정리해서 올려 놓았다. 지난번에 우리나라 대중가요에 대해 이야기해 주었더니 샹송이나 팝송을 우리말로 번안한 노래와 댄스곡, 트로트를 정리하여 각각 다른 폴더에 넣어 두었다.

망간단괴에 붙어 있는 생물들. (시계 방향으로)석회로 된 관을 만들고 사는 갯지렁이, 유공충, 히드로충.

6월 10일

네트워크 드라이브에 사진 폴더를 만들어 놓고는 그동안 찍은 사진이 정리가 안 돼 올려 놓지 못했었다. 장 클라우드가 내 폴더를 확인해 보았는지 언제쯤 사진을 올릴 거냐고 물었다. 만사를 제쳐놓고 그동안 찍은 1천여 장의 사진을 정리하였다. 탐사 장면을 찍은 사진, 파티 때 찍은 사진, 풍경 사진, 생물 사진 등을 따로따로 정리하였다. 4백만 화소로 찍은 사진은 한 장이 약 1.5메가바이트라 그냥 다 올려 놓으면 메모리 용량이 부족할 것 같아서 잘 나온 것들만 추려 냈다. 그 사진들은 다시 포토샵에서 압축하여 용량을 많이 줄였다. 한나절 가까이 작업하여 오후 늦게 사진을 올렸다.

자정에 또 1시간을 늦춘다는 안내문이 붙어 있었다. 거의 9시가 되었는데도 해는 수평선을 장식하고 있는 구름 위에 높게 걸려 있었다. 11시경이면 다음 탐사 해역에 도착할 예정이라 3일 만에 다시 회의가 열렸다. 서쪽 광구에서는 15일 화요일까지 5일간 머물면서 동쪽 광구에서 수행하였던 것과 같은 탐사 활동을 하게 된다. 일요일에는 잠수정을 운영하지 않으므로, 앞으로 노틸은 모두 네 번 잠수한다. 나는 6월 14일 노틸을 타기로 했다. 그날은 나에게 아주 뜻깊다. 바로 18년 전 아내와 결혼한 날이기 때문이다. 결혼기념일에도 집을 비워 아내한테 미안했다. 대신 특이한 선물을 생각해 보아야겠다.

회의가 끝난 후 크레이그가 잠깐 이야기하자고 했다. 2년 전에 자메이카 킹스턴에서 열린 국제해저기구 회의 때 크레이그가 제안한 적이 있는 국제공동 연구에 관한 것이었다. 크레이그는 심해생물의 다양성과 유전자 풀(gene pool)을 조사하는 국제공동연구과제인 '카플란'을 수행하고 있다. 이 과제는 앞으로 여러 나라가 북동태평양에서 망간단괴를 채광하면서 심해 환경을 훼손할 경우를 대비해 그곳 생물들에 대한 기초 자료를 확보하기 위한 것이다.

심해생물을 조사하려면 비용이 이만저만 드는 것이 아니다. 일단 조사할 곳까지 가는 것 자체가 큰 문제다. 배에 따라 조금씩 다르기는 하겠지만, 연구선이 하루 움직이는 데 보통 1천만 원 가량 든다. 조사하러 오가는 데만도 10여 일이 걸리니, 이동에만 어림잡아도 1억 원이 든다는 말이다. 그런데 탐사는 보통 한 달 정도 걸리니까, 3억 원이 넘는 돈이 필요하다. 그래서 북동태평양에 광구를 가지고 있는 나라에서 조사하러 나가는 때를 이용해 공동으로 연구하기를 원하는 과학자들이 많다.

당시 크레이그는 우리나라가 북동태평양으로 탐사 나갈 때 DNA 분석을 위한 생물을 채집해 주는 대신 우리나라의 젊은 과학자 두 명을 카플란 연구과제비용으로 영국남극연구소(British Antarctic Survey)에서 1년간 연수시켜, 저온에서 사는 심해생물의 유전자 분석 방법을 익히게 하겠다고 제안했다. 서로 도움이 되는 일이라 그때 나는 그렇게 하기로 크레이그와 의기투합하였다. 그 후에 영국 케임브리지에 있는 남극연구소에서 열린 국제해저기구 워크숍에서도 이 제안을 다시 한번 확인하였다. 그런데 이러한 내용을 담은 연구 계획서가 심사에 통과되고 연구비가 나오기까지 시간이 걸려 일의 진행을 차일피일 미루고 있었다.

크레이그는 연수 기간과 인원이 줄어들기는 하였지만 연구비용이 마련될 거라는 이메일을 조금 전에 받았다며 구체적인 방법에 대해 의논하자고 하였다. 크레이그는 우리 과학자 한 명이 넉 달 동안 영국에 체류할, 항공료를 포함한 비용을 카플란 프로젝트에서 제공할 거라고 말했다. 크레이그와 나는 우리나라가 심해생물을 채집해 주는 대신 우리나라 과학자가 영국에서 연수받을 때 우리가 채집한 심해생물을 직접 분석하는 것으로 예전의 협의사항을 수정하였다. 그냥 생물 시료만 전해 주는 것보다는 우리 손으로 직접 분석해 결과를 내 보는 것이 우리에게 더 도움이 되리라는 판단에서였다.

기회가 있을 때마다 우리의 젊은 과학자들을 자꾸 외국으로 내보내 경쟁력을 기를 수 있게 해 주는 것이 중요하다. 특히 과학 분야는 문 닫고 집 안에 틀어박혀 있어서는 발전이 없다. 남들이 뭘 하는지 직접 보고 같이 해 보면서 그들보다 먼저 새로운 아이디어와 연구 결과를 내야 한다. 누구를 보낼지 앞으로 더 생각해 봐야겠지만 이번 기회로 우리 연구원 심해저자원연구센터의 젊은 과학자들이 한 단계 도약했으면 싶다.

12시가 되자 배 안의 모든 시계가 다시 11시로 바뀌었다. 나도 컴퓨터, 손목시계, 자명종 시간을 다 바꾸어 놓았다. 자기 전에 그동안 노틸에서 찍어 온 사진들을 정리하였다. 심해의 신비로운 생물 사진을 보고 있으니 잠이 달아났다.

6월 11일

아탈랑트는 예정대로 다음 탐사 해역인 서경 130도, 북위 9도에 도착하였다.

다중음향측심기를 이용해 해저 지형도를 작성하고 다층음파유속계로 해류를 측정하는 등 탐사를 준비하였다. 해저 세 군데에 트랜스폰더도 설치하였다. 이러한 작업은 오늘 잠수할 잠수정의 안전에 필수적인 정보를 얻기 위해서다. 해저 지형도는 해저가 평탄한지, 해저에 산이나 계곡 등이 있는지 확인하는 데 쓰인다. 해저에 가파른 계곡이나 산과 같은 장애물이 있으면 잠수정은 여간 조심하지 않으면 안 된다. 해류 등도 나중에 잠수정이 떠오를 위치를 결정할 때 중요하다. 트랜스폰더는 심해에서 잠수정이 움직이는 정확한 위치를 아는 데 필요하다. 배가 많이 흔들려 멀미약을 먹고 잠자리에 들었다.

1시간 늦춘 탓에 오늘 아침도 참 여유로웠다. 어제만 해도 7시면 캄캄했는데, 오늘은 동녘이 희끄무레했다. 오늘도 일과의 시작은 이메일 확인이었다. 어머니·아내·연구원 동료들에게서 이메일이 와 있었고, 선내에서 온 것도 있었다. 어머니는 지금 아파트 단지에 장미꽃이 한창인데 내가 돌아올 때까지 꽃이 피어 있었으면 좋겠으며, 이번 주말에 일산에 사는 동생들 집을 둘러보려 한다고 하셨다. 내가 결혼할 무렵에도 장미가 한창이었는데……. 아내 편지는 학교일, 딸과 아들이 생활하는 모습, 그리고 나의 건강에 관한 것이었다. 오히려 학교일과 집안일로 1인 2역을 하는 아내가 더 건강에 신경써야 할 텐데.

점심의 메인요리는 당면, 배추, 닭고기에 간장 소스를 넣어 만든 것이다. 일본에서는 당면을 어떻게 부르는지 마사시에게 물어보았더니 '하루사메(はるさめ)'라고 한단다. 이 말은 봄을 뜻하는 '하루(はる)'와 비를 뜻하는 '아메(あめ)'가 합쳐진 것(아메가 사메로 바뀐 것은 일본어는 단어와 단어가 합쳐질 때 모음이 계속해서 나오면 자음이 삽입되기 때문이다)으로, 면발이 봄비처럼 가는 데서

유래됐단다. 참 잘 만든 시적인 이름이다. 하와이에서는 당면을 '글래스 누들 (glass noodle)'이라고 하는데 국수가락이 유리처럼 투명하게 보여서라고 크레이그가 알려 주었다. 우리나라에서는 당면이라고 부르는데 중국 당나라에서 들어왔기 때문일 거라고 나도 알려 주었다. 지금은 미국이나 영국 사람들도 자주 찾는지 그 나라 큰 슈퍼마켓에 가면 당면을 살 수 있다고 한다.

점심을 먹고 휴게실에서 잡담을 나누었다. 딸아이는 외국어고등학교 유학반에서 공부하고 있는데 졸업하면 바로 외국으로 유학 갈 계획을 세워 놓았다. 그래서 크레이그와 미국 대학을 화제로 삼아 이야기했다. 우리나라도 대학 학비가 상당히 비싼데 미국도 그렇단다. 크레이그도 딸이 하와이대학교에 다니고 있는데 학비가 만만치 않다고 했다. 가난하면 장학금을 신청하거나 학비 융자를 받고 부자면 학비에 신경 안 쓰겠는데, 교수처럼 어중간한 봉급쟁이는 학비를 걱정 안 할 수도 없다는 것이다. 그나마 다행인 것은 하와이대학교는 미국 주립대학교 중에서 등록금이 가장 싸서 1년에 하와이 출신 학생은 약 6천 달러, 타 주 학생은 9천 달러 정도가 든다고 한다. 캘리포니아대학교는 주립대학교라도 학비가 연 1만 5천 달러 정도란다. 사립대학교는 연 3~4만 달러 정도고. 크레이그는 워싱턴대학교, 캘리포니아대학교 등 여러 곳에 아는 교수들이 있으니 나중에 딸이 미국 대학교에 지원하면 도움을 주겠다고 했다. 말이라도 고마웠다.

오후에는 잠수정 탈 날에 대비하여 동쪽 광구에서 노틸이 찍어 온 비디오를 보며 생물들을 눈에 익혔다. 여느 다큐멘터리에서 볼 수 없는 희한한 장면이 많아 시간 가는 줄을 몰랐다. 가장 재미있었던 것은 '덤보'라는 문어의 모습이었다. 이 문어는 노르웨이 전설에 나오는 심해괴물 문어 '크라켄'과 달리 고작 25~30센티미터 크기로 귀엽게 생겼다. 가장 큰 특징은 몸통에 코끼리 귀처럼 생긴 지느러미 한 쌍이 달렸다는 것이다. 덤보라는 이름은 디즈니 만화영화에 나오는, 커다란 귀로 하늘을 나는 코끼리 이름에서 유래되었는데 크레이그는 덤보 지느러미가 미키마우스 귀처럼 생겼다고 했다. 덤보는 팔을 가지런히 모은 채 지느러미만을 새 날개처럼 우아하게 저어 헤엄친다. 멈출 때는 팔을 쫙 펴 마치 낙하산처럼 만든다. 자기보다 조금 더 큰 말미잘에 부딪히기 직전에 팔을 낙하산처럼 펴서 정지한 후 허겁지겁 왔던 방향으로 다시 헤엄쳐 도망가는 장면이 찍혔다.

가장 많이 눈에 띄는 것은 해삼 종류였다. 얕은 바다에 흔한 거무튀튀한 색깔의 해삼과 비슷하게 생긴 것이 바닥을 기어가고 있었다. 이 해삼은 학명이 프시크로나이테스 한세니[Psychronaetes hanseni]인데, 1983년 퍼슨이라는 사람이 가장 먼저 이름을 붙였다. 물론 우리 이름은 아직 없다. 몸길이는 50센티미터 정도다. 또 눈에 띄는 해삼들로 노란 몸빛에 꼬리가 길쭉하게 튀어나온 프시크로포테스 론기카우다[Psychropotes longicauda], 보라색에 역시 꼬리가 길게 튀어나온 프시크로포테스 셈페리아나[Psychropotes semperiana], 몸 색깔이 하얗고 몸에 긴 돌기가 많이 나 있는 오네이로판타 무타빌리스[Oneirophanta mutabilis] 등이 있었다. 노란 해삼은 몸길이가 30~50센티미터, 보라색은 40센티미터로 두 해삼은 비교적 컸다. 하얀 해삼은 몸길이가 15~20센티미터 정도였다. 이 해삼들 이름은 1870~1880년대에 틸이라는 사람이 처음 지었다. 틸은 바다 밑바닥까지 그물을 늘어뜨려 해삼을 잡았다고

몸빛이 다채로운 심해 해삼들.
보라색은 프시크로포테스 셈페리아나, 노란색은 프시크로포테스 론기카우다(IFREMER PHOTOS).

한다. 살아 움직이는 심해 해삼을 본 것은 오늘이 처음이다.

심해 성게. 이 성게는 관족 대신 긴 가시로 움직이는데 그것은 진흙 바닥에 빠지지 않기 위해서다.

희한했던 또 다른 생물은 가시가 아주 긴 성게였다. 이 성게는 학명이 플레이시오디아데마 글로불로숨[Pleisiodia-dema globulosum]이다. 성게들은 일반적으로 관족이라는 마카로니처럼 생긴 발로 움직이는 데, 이 성게는 관족 대신 긴 가시로 제법 빨리 움직였다. 심해생물들은 미세한 진흙이 쌓여 있는 바닥에 몸이 빠지는 것을 막기 위해 발이 유독 길다. 이 성게는 발 대신 긴 가시로 기어다니도록 진화한 모양이다. 몸통은 2~3센티미터인 데 비해 가시 길이는 10센티미터가 넘었다.

그 밖에 크기가 5센티미터쯤 되는 입방불가사리(Pterastaridae) 과에 속하는 몸이 투명한 불가사리와, 학명이 프레옐라 브레비스피나[Freyella brevispina]로 추정되는 크기가 50~70센티미터인 바다나리 등의 극피동물도 있었다. 극피동물이란 성게, 불가사리, 해삼, 바다나리처럼 몸에 가시가 난 생물들을 말한다. 이 밖에도 빨간 심해 새우 두 종류가 바닥 가까이에서 헤엄쳐 가고 있었고, 바닥에는 말미잘과 바구니 모양의 해면이 보였다.

오늘도 탐사를 마치고 돌아온 필립 크라수를 환영해 주었고, 7시에 저녁을 먹은 후 휴게실에서 이야기를 나누었으며, 9시에는 회의에 참석하였다.

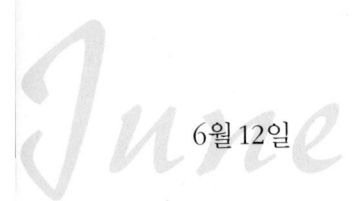
심해생물의 DNA를 분석하는 모든 과정을 알기 위하여 야간 작업에 동참하였다. 오전 1시 30분에 시료채취기가 바닥의 진흙을 가득 담아 올라왔다. 이 퇴적물을 표면에서 2센티미터, 2센티미터에서 5센티미터, 5센티미터에서 10센티미터로 구분하여 퍼낸 다음, 각 퇴적물을 찬 해수가 든 용기에 담았다. 이 물을 그물눈이 3백 마이크로미터인 체로 거른 후, 체에 남은 생물의 DNA가 손상되지 않도록 섭씨 5도의 물로 조심스럽게 씻었다. 그리고 생물과 퇴적물을 에탄올에 담갔다. 이 작업은 온도가 5도에 맞추어진 저온실험실에서 한다. 1시간여 동안 작업하고 나오니, 안경에 김이 서려 앞이 잘 보이지 않았다. 열대성 소나기가 한차례 지나간 뒤 습도가 높아져서인지 후덥지근하였다.

다음번 채취기가 올라오려면 두 시간 가량 걸린다. 그사이 동쪽 광구 심해에서 찍은 해삼 사진으로 결혼기념일 카드를 만들었다. 노란 해삼이 망간단괴가 잔뜩 널려 있는 바닥을 기어가는 사진이었는데 그 위에 아내에게 사랑한다는 글을 써 넣었다. 결혼기념일을 함께 보내지 못하는 섭섭한 마음도 담았다. 이 카드는 태평양을 건너 아내의 컴퓨터로 들어가 이런 내 마음을 전해 줄 것이다. 아내는, 태평양 바닷속 5천 미터에서 보내는 사랑의 메시지를 받은 대한민국에서 유일한 여자이리라. 이런 생각으로 미안한 마음을 애써 달랬다. 사진 용량이 너무 커서 포토샵에서 압축해서 보냈다.

밤사이 채집된 이번 퇴적물 중에는 상어이빨이 많았다. 현존하는 상어의 것도 있었지만, 멸종된 메갈로돈의 이빨도 나왔다. 메갈로돈의 이빨은 내 손바

상자형 시료재취기에서 물을 빼내는 장면.
관을 이용해 퇴적물 위에 고인 물을 조심스럽게 빼내고 있다.

망간단괴가 붙어 있는 상어이빨(왼쪽)과
고래뼈(오른쪽).

닥만 했다. 이빨로 몸집을 추정해 보
면 몸길이가 13미터 정도는 되었을 것이
다. 메갈로돈은 약 6000만 년 전에 지구에
처음 나타나 1500만 년 전 지금의 백상아리처
럼 바다를 주름잡았던 무시무시한 포식자였다.
이 동물은 1만 2000년 전까지도 살았기 때문에, 인류의
조상들 중에는 이 괴물 같은 상어를 본 사람도 있을 것이다. 페드로는 상어이
빨이 많이 나온 것으로 보아 이곳이 상어의 무덤일지도 모른다고 추측했다.
하기는 코끼리도 정해진 장소로 가서 죽는다니 상어들도 그럴 수 있을지 모르
겠다.

상어는 지금으로부터 무려 4억 년 전에 바다에 처음 나타났는데 공룡보다
도 2억 년이나 앞서서 출현한 것이다. 상어가 바닷속을 유유히 헤엄쳐 다닐 때
파충류, 조류, 포유류 등은 지구에 나타날 꿈도 꾸지 않았다. 몇몇 원시 상어들
의 사체는 바다로 가라앉아 모래나 그 밖의 퇴적물에 덮여서 화석이 되었
다. 상어는 일생 동안 많은 수의 이빨을 갈기 때문에 단단한 상어이빨 화석이
주로 발견된다. 이 이빨로 그 상어가 언제 지구상에 나타났는지 알 수 있다. 반
면 상어는 연골어류라 경골어류처럼 몸통이 화석으로 발견되는 일은 드물다.
아침 9시경에 잠수정을 탄 필립 노엘의 환송식이 끝난 후 오전에는 채집한
생물들의 사진을 찍으며 시간을 보냈다. 점심을 먹고 갑판으로 일광욕을 하러
나갔다. 네트워크 공유 파일에 사진을 올려 놓았더니, 사진을 찍어 달라는 사
람이 많아졌다. 마리온은 내가 찍어 준 사진을 이메일로 집으로 보냈다면서,

수영장에서 한 장 더 찍어 달라고 부탁하였다. 수영복 입은 마리온을 찍는데 마치 내가 사진작가가 된 기분이었다.

잠수정에 탔던 사람들이 길이 50센티미터 정도 되는 고래뼈를 가지고 왔다. 고래뼈에는 망간단괴가 꽤 붙어 있었다. 이 뼈가 얼마나 오래되었는지는 탄소 동위원소로 측정해 보아야 정확히 알 수 있다. 그렇지만 망간단괴는 100만 년에 2~6밀리미터 자라므로 이 고래뼈에 붙어 있는 망간단괴 크기로 보아 이 고래뼈는 수백만 년은 족히 되었을 것이다. 수백만 년 전에 바다를 주름잡던 고래가 죽어서 남긴 뼈를 5천 미터 바닷속에서 건져 올린 것이다. 이 고래가 헤엄쳐 다니던 시절에 바다는 어떠했을까?

8시 21분. 서쪽 수평선 아래로 해가 모습을 감추었다. 1시간 늦춘 덕분에 탐사 회의를 하기 전에 일몰을 끝까지 구경할 수 있었다. 해가 지면서 하늘 가득 그리는 그림이 매일매일 다르기 때문에, 낙조를 구경하는 것이 하루를 마무리하는 낙이 되어 버렸다. 또 하루가 지나가는 것을 확인하며, 앞으로 며칠이나 남았는지 손꼽아 보았다.

탐사 회의 시간에 내가 노틸을 타는 월요일이 열여덟 번째 결혼기념일이라는 사실을 사람들에게 알려 주었다. 그리고 결혼기념일과 노틸 승선을 축하하는 뜻에서 한턱 쓰겠다고 했다. 모두들 박수를 치면서 좋아하였다. 여기저기서 농담들이 오갔다. 지금 파티하고 월요일에 잠수정 탈 사람을 딴 사람으로 바꾸자는 둥 탐사 끝내고 화요일에 하자는 둥 한참 동안 야단법석을 떨었다. 탐사책임자인 조엘 갈레롱이 선장과 배의 일정을 고려해서 날짜를 잡기로 했다. 사람들이 많아서 포도주를 한 박스 이상은 사야 할 것 같다.

월요일에 프랑크와 줄리앙이 노틸을 조종하기로 했다. 이날의 임무는 미생물 실험과 퇴적물 화학 성분 분석을 위해 로봇 팔로 시료를 채집하는 것이며, 심해생물을 비디오와 사진기로 찍고 채집해 오는 것이다. 탐사를 마친 후엔 회의 때 탐사 활동을 간략하게 보고하고 보고서를 작성해야 한다.

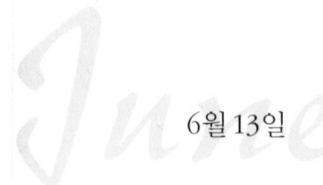

6월 13일

배에서 네 번째 맞는 일요일이다. 선상에서 맞는 일요일이 이제 두 번 남았다. 갑판으로 올라갔다. 하늘에는 먹구름이 잔뜩 끼어 있고, 바람이 무척 강해서 파도가 높았다. 나는 바람이 세차게 부는 날이 좋다. 숨쉬기 힘들 정도로 강하게 불수록 더욱 좋다. 바람이 몸 구석구석을 훑으며 지나가면 몸이 간지럽고 마치 새털처럼 가벼워진다.

뱃머리 갑판에 매어 놓은 해먹에 누워 보았다. 참 편하다. 마스트가 시계추처럼 흔들리고 있었다. 풍향계는 빨리 돌다 못해 정지한 듯 보였다. 윙윙거리는 바람에 해먹은 그네를 탔다. 조금 누워 있으려니 어지러웠다. 해먹에서 내려와 뱃머리에 서서 불어오는 바람을 맞았다. 뱃전에 닻을 내리기 위해 뚫어 놓은 구멍으로 바람이 밀려들어 몸이 뒤로 밀렸다. 먹구름 사이로 햇살이 쏟아져 나와 시꺼먼 바다에 은가루를 뿌려 놓았다.

반짝거리는 바다 때문에 눈이 부셨다. 한국 시간도 표시되는 손목시계를 보니 6월 14일 월요일 새벽 2시. 결혼기념일이 밝고 있었다. 아마 아내는 한

창 단잠에 빠져 있을 거다. 잠시 옛 생각을 하다가 실험실로 내려왔다.

잠수정이 쉬는 일요일에 탐사 인원들은 오히려 더 바쁘다. 24시간 계속해서 퇴적물 시료가 올라오기 때문에 하루 종일 쉴 틈이 없다. 그렇지만 모든 탐사 작업이 종료되는 화요일 이후에는 조금 한가해진다. 누벨칼레도니로 이동하는 중에는 그동안 채집했던 시료들을 가지고 실험하고 분석하는 작업을 하게 된다. 그래도 그때는 밤을 새우는 일은 없다.

내일 잠수를 위해 탐사 내용을 숙지하고 장비 조작법, 긴급 상황 발생시 대처 요령 등을 배웠다. 잠수하기 전에 해저에서 채집한 시료들을 담아 올릴 시료회수기를 먼저 바다에 던지는데, 잠수정은 바닥에 도달하면 우선 이것을 찾는다. 시료회수기 안에는 해수, 퇴적물, 미생물 등을 담을 각종 용기가 빼곡이 들어 있다. 탐사 대원들은 이 시료회수기 주변에서 채집하기에 적당한 두 장소를 물색하게 된다. 이번 잠수의 주목적은 해양미생물 채집이므로, 미생물이 많을 법한 생물의 사체나 배설물 등이 있는 곳이 적지가 될 것이다.

장소가 결정되면 그곳에 '프티푸세(Petit poucet, 프랑스 동화에 나오는 주인공 이름)'를 떨어뜨려 놓는다. 프티푸세를 떨어뜨려 놓는 이유는, 「헨젤과 그레텔」에서 헨젤이 빵조각을 숲길에 떨어뜨려 놓았다가 그것을 보고 다시 찾아오는 것처럼 시료를 채집한 곳에 다시 갈 때 이정표로 쓰기 위한 것이다. 이 프티푸세는 회수하지 않고 그대로 둔다. 언젠가 이곳을 누가 다시 탐사한다면 이 프티푸세를 발견할지도 모르겠다. 프티푸세 주위에서 우리는 미생물·퇴적물 등을 채집하고, 수온과 염분 등도 측정한다. 또 다른 채집 장소를 찾으면 거기에도 프티푸세를 놓고 주변에서 같은 작업을 한다. 이 작업이 끝난 후에는 심해생물을 관찰한다.

　장비 조작에 대한 것을 익히고 나서는 잠수정 안에서 화재나 기타 긴급 상황이 발생했을 때 산소마스크를 사용하는 방법에 대해 배웠다. 산소마스크에는 이산화탄소를 흡수하는 물질이 들어 있고 고무호스처럼 생긴 관이 달려 있는데 이것을 잠수정의 산소탱크에 연결하여 사용하면 된다. 이 마스크를 쓰면 4시간 동안 숨쉴 수 있다. 잠수정 내부에는 약 10시간 동안 사용할 수 있는 산소가 있고, 잠수정 외부에도 5일간 사용할 수 있는 고압산소탱크가 부착되어 있다.

　아침에 바람 부는 것이 좋다고 괜히 허튼소리를 했나 보다. 온종일 바람이 강하게 불어서 파도가 점점 높아졌다. 하얗게 깨지는 백파가 여기저기서 보였다. 그 때문에 배도 심하게 흔들렸다. 밤에도 파도가 높아 아침에 기상 상태를 보고 잠수 여부를 결정하기로 하였다. 일생에 한번 올까 말까 한 기회인데 하늘이 시샘하나? 탐사책임자인 조엘 갈레롱이 괜히 나한테 미안해 했다. 기상 조건이야 사람 힘으로 어찌할 수 없는 것, 바람이 자고 파도가 가라앉을 때까지 기다릴 수밖에.

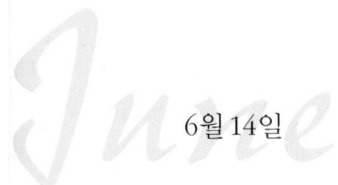

6월 14일

자다가 몇 번이나 일어났다. 배가 몹시 흔들린 까닭도 있겠지만, 잠수할 수 있을까 걱정도 되었기 때문이다. 창밖을 내다보니 칠흑 같은 어둠 속에서 간간

모네풍의 그림을 연상시키는 일출.

이 파도만이 흰빛을 발하며 부서지고 있었다. 빛을 내는 생물들 때문에 어둠 속에서 가끔 푸른빛이 반짝이곤 하였다. 이 푸른빛은 내가 해양생물학을 공부하도록 유혹한 장본인이다. 여수 돌산도 바닷가에서 반짝이던 야광충은 나의 시선을 사로잡았고, 이때의 경험은 서울대 심재형 선생님의 가르침으로 내가 해양생물학자의 길로 들어서는 계기가 되었다. 잠깐씩 다시 잠들었을 때는 꿈을 꾸었다. 카메라가 작동되지 않거나 컴퓨터가 작동 안 해 애태우는 꿈이었다. 자다 깨다 하다가 5시 30분경 일어났다.

그때도 잠수 여부가 결정되지 않았다. 오늘 할 일을 머릿속으로 정리해 보고, 이메일을 확인하였다. 아내에게서 이메일이 와 있었다. 아내는 카드 잘 받았으며 18년 전 결혼할 때가 생각난다고 했다. 결혼한 지 벌써 18년이나 되었다는 것이 실감나지 않는데, 눈앞의 아이들을 볼 때 그 세월을 새삼 실감한다고 하였다. 맞는 말이다. 훌쩍 커 버린 딸아이와 듬직한 아들 녀석을 보면 그동안 헛되이 살지는 않았구나 하는 보람도 느낀다. 또 어머니가 나 대신 장미꽃 다발을 결혼기념일 선물로 주셨다고 하였다.

창밖으로 떠오르는 태양이 하늘을 온통 붉게 물들이고 있었다. 갑판으로 나갔더니 일출이 장관이었다. 마치 모네풍의 그림을 보는 듯했다.

오늘 잠수 일정이 결정되지는 않았지만 잠수할 준비를 하였다. 사람들한테 오늘 일출이 가장 멋있었다고 하니 특별한 날이어서 더 그랬을 거라고들 했다. 파도는 간밤보다 많이 잦아들었지만, 바람은 여전히 강했다. 잠수할 때 필요한 준비물을 챙기고 있는데 프랑크가 와서 내 몸무게를 물어보았다. 잠수정의 무게 조절을 위해서란다. 잠수정에 탈 때 입는 노란 유니폼이 너무 컸다.

9시쯤 되어 잠수하지 않기로 결정되었다. 오후 기상예보가 그다지 좋지 않았다. 바닷속에 있을 때는 문제없지만, 나중에 잠수정을 배로 끌어올릴 때 배가 많이 흔들리면 위험하기 때문이다. 아쉽기는 하지만 안전이 최우선이니 무리할 필요는 없을 것이다. 선장과 팀장이 미안해 하며 내일까지 기다려 보자고 했다. 내일은 페드로가 타기로 되어 있었다.

지난번 탐사 해역은 북위 14도로 기온이 24도 정도였는데, 이곳은 그곳보다 적도에 더 가까운 북위 9도라 그런지 더 덥고 습도도 높았다. 수은주는 27도를 가리키고 있었다. 잠수가 갑자기 취소되는 바람에 채취기로 생물과 퇴적물 샘플을 얻기로 했다. 정오를 넘자 하늘 어디에서도 파란 곳이 보이지 않았다.

두꺼운 구름이 바다를 내리누르고 있었다. 하얗게 부서지는 백파는 줄어든 대신 오랫동안 바람이 불어서인지 너울이 일었다. 그러자 배가 천천히 좌우로 기우뚱거렸다. 그때 더는 참을 수 없는지 구름이 비를 뿌리기 시작했다. 탐사하는 내내 날씨가 좋았었는데 이렇게 낮에 비가 오기는 처음이다. 갑판은 빗물로 흥건했고, 배가 기우뚱거릴 때마다 빗물이 이리저리 쏠렸다. 설상가상 빗물이 기름과 범벅되어 갑판이 얼음판처럼 미끄러웠다. 2~3시경이 되니 비는 그쳤는데 구름은 여전히 물러날 줄 몰랐다.

잠수정 타는 것이 취소되니 마음이 가볍지 않았다. 거기다가 하루 종일 구름이 잔뜩 끼고 비까지 한참 내렸다. 하지만 18년 전 일을 조용히 회상하기에는 좋은 분위기였다. 대학원을 졸업한 1984년 가을, 학교에서 생물을 가르치다 영어 선생님이던 아내를 처음 만났던 일, 제자들 눈 피해 가며 몰래 데이트 했던 일, 1985년 그해의 마지막 날 강릉 경포대 바닷가에서 결혼을 약속했던 일, 1986년 4월의 약혼식, 제자들이 몰려들어 법석이었던 그해 6월의 결혼식, 그리고 두 달 뒤 책이 잔뜩 든 이민용 가방 네 개만 달랑 들고 뉴욕으로 유학 갔던 일 등 18년 동안 여보 당신 하며 자식 낳고 살아온 아내와의 일들이 주마등처럼 지나갔다. 슬라이드 쇼를 보듯 추억이 한 컷씩 차례로 지나갔다.

여느 때와 마찬가지로 9시에 탐사 회의를 하였다. 내일이 마지막으로 탐사하는 날이다. 바다의 상태가 괜찮아져 내일은 잠수하기로 했다. 내일 저녁 잠수정이 올라오는 즉시 모든 탐사는 종료되고 우리는 누벨칼레도니의 누메아로 향한다. 탐사 내용을 결정한 후 잠수정을 타기로 되어 있던 두 사람 중에 누가 탈 것인지를 결정하는 문제가 남았다. 조엘 갈레롱이 고민하다가 서양 사람들이 흔히 그러하듯 공평하게 동전을 던져 결정하자고 제안하였다.

조엘 갈레롱이 1유로짜리 동전을 꺼내 놓고 무늬가 있는 쪽이 앞면, 숫자 1이 쓰여 있는 쪽이 뒷면이라며 나에게 어떤 쪽을 선택할 거냐고 물었다. 잠수정을 못 타도 괜찮다고 마음을 이미 비운 상태라 선택하는 것이 그리 부담스럽지는 않았다. 나는 앞면을 택하겠다고 말했다. 자연히 페드로가 뒷면을 선택했다.

그 다음에는 누가 동전을 던지느냐가 문제였다. 어느 누구도 이 부담스러운 결정에 끼여들고 싶어 하지 않았다. 가장 나이가 어린 마리온이 다른 사람들의 강요에 마지못해 회의탁자에 동전을 던졌다. 오히려 나와 페드로보다 다른 사람들이 더 긴장한 채 동전을 확인하였다. 나는 보지 않았다. 조엘 갈레롱이 동전을 확인하고는 앞면이라고 했다. 내가 잠수하기로 결정되는 순간이었다! 제일 먼저 페드로에게 미안하다고 말했다. 잠수정을 타게 되었는데도 영 마음이 편하지 않았다. 하루 더 잠을 설쳐야 되고……. 아내가 보낸 이메일 제목이 'good luck'이었는데, 이 기원이 정말 행운을 불러온 것 같다.

6월 15일

간밤에도 두 번이나 깼다. 그래도 어젯밤보다는 잘 잔 것 같다. 5시 15분에 일어났는데 조금 더 잘까 하다가 그냥 형광등을 켜 버렸다. 잠수할 준비를 하는 것이 더 나을 것 같았다.

잠수정 안에서 다른 사람들이 자동카메라로 찍은 사진들은 초점이 잘 안 맞고, 사진 상태도 그다지 좋지 않았다. 어떻게 하면 잘 찍을 수 있을지 생각해 보았다. 아마 잠수정 유리창이 너무 두꺼워 초점 맞추기가 힘들었을 것이다. 그래서 디지털카메라 초점을 수동으로 맞출 방법을 고민했다. 잠수정 외부에서 라이트를 켜서 광도는 충분하므로 카메라 플래시는 사용하지 않는 게 좋겠다. 유리면에서 플래시가 반사되는 것도 막고. 빛이 충분치 않을 경우를 대비해 필름 감광도는 400으로 높여 놓았다. 잠수정 내부는 흔들림이 없으니 셔터 속도는 조금 느려도 좋을 듯싶다. 잠수정 외부에 장착된 디지털카메라와 비디오로도 사진을 찍지만, 희한한 생물을 잠수정 내부에서 내 카메라로도 직접 찍고 싶은 욕심에 이런저런 궁리를 해 보았다.

이메일을 확인한 후 오늘 심해저에서 수행할 일정이 기록된 파일을 인쇄하기 위해 컴퓨터실로 갔다. 어제의 탐사 목적은 심해저 두 곳에서 미생물·퇴

167

잠수 전 노틸 운영요원들과 기념으로 한 컷. 국내 학자로선 처음으로 수심 5천 미터까지 들어가게 된 것이다.

적물 등을 채집하는 것이었고, 오늘은 대형 생물을 채집하여 사진 찍는 것이었다. 어제 잠수하지 못하였기 때문에 오늘 이 두 임무를 모두 수행해야 했다. 어제 잠수하였으면 심해생물을 볼 기회가 그다지 많지 않았을 것이므로 취소되었던 것이 나에게는 오히려 잘된 일이다. 인생만사 새옹지마라던가.

오늘은 임무가 두 가지이므로, 모두 평소보다 서둘러 잠수를 준비했다. 잠수정의 추 무게를 승선 인원의 몸무게를 고려해 조정하고, 로봇 팔들이 잘 작동하는지 다시 한 번 확인하고, 배터리·산소탱크와 각 계기도 점검하였다.

오늘이 이번 탐사의 마지막 잠수여서인지, 심해 탐사 기념품을 만들기 위해 스티로폼 컵에 여러 가지 그림과 글을 써 넣느라 사람들은 분주했다. 그것들을 잠수정에 매달고 수심 5천 미터까지 들어갔다 나오면, 스티로폼 컵이 높은 수압 때문에 아주 작게 줄어들어 예쁘게 된다. 심해를 탐사하는 사람들이 흔히 기념품 만드는 방법이다. 나도 이전에 여러 개를 만들어 식구들에게 선물로 주었던 적이 있다. 잠수정에 타기 전에 오늘 날짜와 승선하는 과학자 이름, 잠수번호가 쓰인 판을 들고 기념 촬영을 하였다.

잠수에 앞서 먼저 시료회수기를 투하했다. 시료회수기 안에는 퇴적물·망간단괴·생물 채집 장비, 바닷물 채수 장비, 미생물 담을 밀폐용기, 채집 장소를 표시할 프티푸세 등 각종 도구들이 들어 있어, 잠수하면 맨 먼저 이것부터 찾아 사용한다.

평소보다 이른 8시 40분에 잠수정으로 들어갔다. 많은 사람들이 승강장까지 나와 환송하고, 사진도 찍어 주었다. 조종사 프랑크가 먼저 사다리를 내려 들어갔다. 프랑크는 점심과 간식, 개인사물이 든 방수용 가방, 화장실로 쓸 플라스틱용기, 이산화탄소 흡수용기 등을 받아서 잠수정에 실었다. 그 다음에 내가 들어갔다. 들어가기 전에 환송하는 사람들에게 손가락으로 V자를 만들어 흔들었다. 여기저기서 카메라 플래시가 터졌다.

잠수정 안은 생각했던 것보다 아주 좁았다. 부조종사 줄리앙이 사다리를 내려왔다. 세 명이 다 들어오니 잠수정 안은 움직일 공간이 없었다. 앞쪽에는 둥근 전망용 창문이 세 개 있었고, 조종실 양쪽에는 잠수정 조종에 필요한 각종 전자 장비와 계기판, 그리고 카메라와 비디오 녹화 장비가 가득 차 있었다. 조종실 뒤쪽에는 산소를 공급하고 이산화탄소를 제거하는 장치들이 자리잡고 있었다. 과학자와 조종사는 다리를 구부리고 엎드린 자세로 아래쪽 전망 창문 두 개로 내다보며 로봇 팔을 작동하여 샘플을 채집한다. 부조종사는 좁은 의자에 앉아 카메라 각도를 조정하고, 모선과 통신도 한다. 이렇게 좁은 공간에서 장시간 탐사하기 때문에, 폐쇄공포증이 있는 사람은 탑승할 수 없다.

모든 계기가 정상인지 점검한 후 잠수정 천장에 있는 해치를 닫았다. 조종사는 왼쪽, 나는 오른쪽 자리에 쪼그려 앉았다. 부조종사는 좁은 의자에 앉았다. 곧이어 잠수정이 덜컹거리며 운반차에 실려 갑판의 레일 위를 구르기 시작했다. 격납고가 점차 멀어지고 사람들이 전망대에서 손을 흔드는 모습이 창문으로 보였다. 나도 손을 흔들어 답례했다.

이윽고 진동이 멈추고 갑판 맨 뒤쪽에 이르러 잠수정이 멈추었다. 잠시 후 공중에 붕 뜬 느낌이 들면서 잠수정이 좌우로 흔들리기 시작했다. 몸이 흔들리지 않도록 팔에 힘을 주어 자리를 꽉 잡았다.

창밖으로 배의 뒷면이 보였다. 곧 배가 시야에서 사라지고 물방울들이 휘몰아치는가 싶더니 온통 새파란 딴 세상이 펼쳐졌다. 아탈랑트의 스크루가 천천히 돌아가는 것이 눈에 들어왔다. 잠수부들이 모선에 연결된 줄을 제거하는 것이 보였다. 잠수부들이 창 앞으로 와서 잘 갔다오라고 손을 흔들었다. 이제 잠수정은 모선과 탯줄을 끊고 자유의 몸이 되었다. 미친 듯 물방울들이 위로 소용돌이치며 잠수정은 서서히 가라앉았다.

좁은 공간에 세 명이 있어 잠수정 안은 굉장히 더웠다. 계기판의 수온계는 섭씨 27도를 가리키고 있었다. 수심을 알리는 계기판의 빨간 숫자는 1~2초마

드디어 잠수정에 들어가다. 설렘과 긴장이 교차하는 순간이다!

잠수부들이 모선에 연결된 줄을 제거하는 장면. 이제 잠수정은 모선과 탯줄을 끊고 자유로워진다.

다 1미터씩 늘어났다. 계기판 숫자가 늘어날수록 창밖으로 보이는 물 색깔은 점차 어두워졌다. 수심 50미터에서 1백 미터 사이에 이르자 수온이 갑자기 떨어졌다. 이런 곳을 수온약층이라 하는데, 이곳은 해양생태계에서 중요한 역할을 한다. 수온이 떨어지기 때문에 물의 밀도가 높아져 위에서 가라앉던 물질들이 모이는 장소가 된다.

창밖으로 점액질의 유기물 파편들이 많이 눈에 띄었다. 처음에 물빛은 눈부시게 밝은 파란색이었다. 수심 1백80 미터에 이르자 물빛은 검푸른 색으로 바뀌고, 빛은 희미하게 간신히 남아 있었다. 곧 잠수정 창밖은 암흑의 세계가 되었다. 이제 더는 창밖으로 내다볼 경치가 없어져 버렸다.

프랑크는 비상시 작동하는 각종 장비와 계기판에 대해 설명해 주었다. 잠수정 내부의 산소와 이산화탄소 조절 방법, 화재 발생시 산소마스크 사용법과 비상시 수면으로 떠오르기 위해 잠수정 무게를 줄이는 방법, 잠수정 탈출시 내부로 물이 밀려들어 오지 않게 공기를 불어 내며 탈출하는 방법, 잠수정 카메라 작동 방법, 각종 계기 보는 방법, 모선과 교신하는 방법 등을 배웠다. 미리 매뉴얼을 보고 익혀 두었기 때문에 그리 낯설지는 않았다.

9시 30분경 수심 1천5백 미터를 통과하였다. 밖의 수온은 섭씨 2.7도로 잠수정 내부가 점점 추워지기 시작했다. 바닥에 도착하면 계속 탐사해야 하기 때문에 점심 먹을 시간이 없으므로 조금 이르게 점심을 먹었다. 토마토와 햄, 그리고 오이피클을 곁들인 전채를 먹은 다음에 소고기 스테이크와 감자를 깍두기 모양으로 썬 것을 메인요리로 먹었다. 잠수정 안에서의 식사를 기념하기 위해 사진을 찍었다. 내부가 워낙 좁아서 몸을 뒤쪽 벽면에 바짝 붙여야 간신

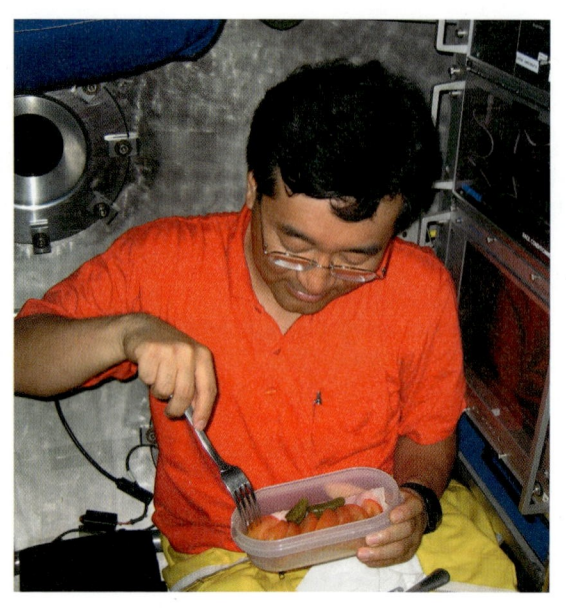
잠수정 안에서의 점심식사. 잠수 전날부터 물은 자제해야 한다.

히 사진을 찍을 수 있었다. 치즈와 과일 칵테일을 후식으로 먹었다. 물은 마시지 않았다. 잠수하는 약 10시간 동안에는 5리터쯤 되는 뚜껑 달린 플라스틱통에다 소변을 해결할 수밖에 없기 때문이다. 그래도 남자들은 그나마 편하다. 여자들은 깔때기를 준비해야 한다. 지난번 여자 과학자가 탔을 때 어떠했느냐고 물었더니, 둘이 돌아앉아 눈을 감고 있었단다. 그렇더라도 바늘 떨어지는 소리도 들릴 정도로 좁은 공간에서 소리가 안 날 수도 없었을 테고.

9시 45분. 수심 2천 미터를 지났다. 잠수정 밖의 수온은 섭씨 2.1도로 거의 바뀌지 않았다. 프랑크와 줄리앙이 잠수정을 탈 때 노란 유니폼에 한글로 자기 이름을 써 달라고 하였다. 나는 검정색 매직펜으로 앞가슴에 큰 글씨로 각자의 이름을 정성껏 써 주었다. 예전에 함께 탄 러시아 과학자도 이름을 써 주었다며 프랑크가 어깨 부분을 보여 주었다. 잠수정 내부가 추워지면서 프랑크와 줄리앙은 잠수복 위에 두툼한 옷을 껴입었다. 나는 그다지 춥지 않았다.

조종실 벽에 물방울이 잔뜩 맺혔다. 조종실 벽은 얼음처럼 아주 차가운데 좁은 공간에서 세 명이 숨을 쉬고 있었기 때문이다. 9시 58분. 수심 2천5백 미터를 통과하였다. 오늘 내려갈 수심의 절반을 지나간 셈이다. 계기판은 밖의 수온이 섭씨 1.8도라고 알리고 있었다. 조종사와 부조종사는 모든 기기가 정상적으로 작동하는지 점검하고, 모선에 이상이 없음을 알렸다.

10시 24분에 수심 3천5백 미터를 통과하였다. 밖의 수온은 섭씨 1.5도. 조종실 벽에서 물방울이 흘러내렸다. 그래서 벽 아래에는 물받이가 있는데, 잠수가 끝날 때쯤 되면 물받이에는 물이 흥건히 고인다. 이제 탐사 준비를 위해 조종사와 나는 각자의 자리에 다리를 구부리고 엎드렸다. 체격이 큰 줄리앙은 제대로 다리를 펼 수가 없어 무척 불편한 눈치였다. 10시 40분에 수심 4천 미터를 지났다. 밖의 수온은 섭씨 1.4도. 마지막으로 모든 계기판을 점검하고, 이상이 없음을 모선에 보고하였다. 그리고 비디오 촬영을 위해 비디오카메라와 DVD레코더 작동 준비를 마쳤다. 탐사가 시작되면 이제부터 우리가 대화하는 모든 내용이 블랙박스에 다 기록된다고 프랑크가 알려 주었다. 다른 사람 욕하면 안 되겠다고 농담하였다.

10시 48분. 이제 바닥까지 7백 미터 남았다. 오늘 잠수할 수심은 5천 미터가 넘어, 여느 때보다 조금 더 깊었다. 10시 54분, 수심 4천5백 미터를 통과하였다. 밖의 수온은 섭씨 1.4도를 가리키고 있었다. 수중음향탐지기를 작동시켰다. 그리고 부력을 조절하여 잠수정이 가라앉는 속도를 늦췄다. 잠수정은 착륙 준비를 하면서 천천히 바닥으로 내려갔다. 수온은 더는 변하지 않고 계속 섭씨 1.4도를 유지하고 있었다.

11시 15분. 잠수정 계기판의 수심계 빨간 숫자가 5천 미터를 훌쩍 넘어 5010.3미터를 가리키고 있었다. 고도계는 바닥까지 33.3미터 남았음을 알려 주었다. 그러니 우리가 내려가는 곳의 수심은 5043.6미터인 셈이다. 수심계

디스플레이를 잠수정 위치제어모드로 변환하였다. 수온은 변함없이 섭씨 1.4도였다.

잠수정 라이트를 켰다. 긴 터널을 빠져나온 듯 암흑의 세계가 눈앞에서 갑자기 사라졌다. 영겁의 세월을 묵묵히 견뎌 왔을 심해의 푸르디푸른 물이 창밖을 가득 채우고 있었고, 푸른색과 초록이 섞인 듯한 신비한 빛 너머로 태평양 바닥이 어스름하게 드러나기 시작했다. 드디어 그 누구의 방문도 허락하지 않았던 처녀지에 도착한 것이다. 그곳의 위치는 북위 9도 34분, 서경 150도 1분. 주변은 온통 고려청자 빛깔이었다. 이런 심해에서 우리 조상들의 혼이 담긴 청자의 신비한 빛깔을 보다니…….

탐사에 앞서 수중음향탐지기로 시료회수기를 찾았다. 시료회수기는 앞쪽 멀리 뿌옇게 진흙이 일어난 듯 보이는 곳에 가라앉아 있었다. 11시 30분. 노틸은 천천히 시료회수기에 접근하여 로봇 팔로 시료회수기의 뚜껑을 열고 채취기를 집어 들었다. 시료회수기 안에는 배에서 실었던 각종 장비들이 그대로 들어 있었다.

첫 번째 임무는 장소를 두 곳 선정하여 각각 두 개씩의 퇴적물 샘플을 얻는 것이었다. 퇴적물 샘플에서는 미생물을 추출하여 배양하게 된다. 이 미생물은 여태까지 우리가 발견하지 못한 새로운 종일 테고, 이 미생물에서 의약품 등 유용한 물질을 얻어 낼 수 있을지 모른다. 채집 장소를 선택하는 것은 나의 몫이었다. 우선 유기물이 많아 미생물이 많을 듯한 곳을 찾아보았다. 구멍을 파고 사는 생물들이 뚫어 놓은 듯한 구멍을 첫 번째 장소로 정했다. 주변에 동물들 배설물이 많이 널려 있어 미생물이 많을 듯하였다. 그곳에 '6'이 쓰여 있는 프티푸세를 놓았다. 11시 53분부터 그곳에서 퇴적물 샘플 두 개를 채취했다.

두 번째 장소를 물색하였다. 두 번째 장소는 망간단괴가 널려 있고 유기물이 많이 쌓여 있는 곳을 택하였다. 역시 그곳에도 '7'이 쓰여 있는 프티푸세를 놓았다. 그리고 12시 13분부터 퇴적물 샘플을 두 개 채취하였다. 이렇게 채취한 샘플을 시료회수기에다 잘 담았다.

그 다음 임무는 아까 프티푸세를 놓아 둔 곳에 다시 가서 바닷물 샘플을 얻는 것이었다. 12시 40분부터 각각의 채집 장소로 가서 역시 튜브 두 개에 바닷물을 담았다. 이 채수기도 인양기로 가지고 갔다. 1시 6분부터는 잠수정의 로봇 팔로 바닥에 있는 망간단괴를 집어서 밀폐용기 세 개에다 담았다. 망간단괴 표면에 붙어 사는 생물들을 채집하여 실험하기 위한 것이다. 이 중 밀폐용기 두 개를 시료회수기에다 담았다. 이제 시료회수기의 양쪽 공간은 채집한 샘플들로 가득 채워졌다. 시료회수기를 물 위로 올려 보내기 위해 양쪽 뚜껑을 로봇 팔로 잘 닫았다.

2시 19분. 수중음파분리기를 작동시켜 시료회수기에 매달린 추를 떼어 냈다. 시료회수기는 풍선이 하늘로 올라가듯 서서히 수면으로 떠올랐다. 두 시간이 지나면 물 위에 떠오른 시료회수기를 모선에서 회수한다.

첫 번째 임무는 퇴적물, 망간단괴 등을 채집하는 것이라 심해생물을 구경할 시간이 별로 없었다. 그런데 정말 재미있고 신나게도 다음 임무는 잠수정을 타고 다니면서 심해생물을 채집하고 사진을 찍는 것이었다. 사진을 찍는 것은 나의 몫이었다.

잠수정은 바닥에 바싹 붙어서 심해생물을 찾아 다시 서서히 움직였다. 수심

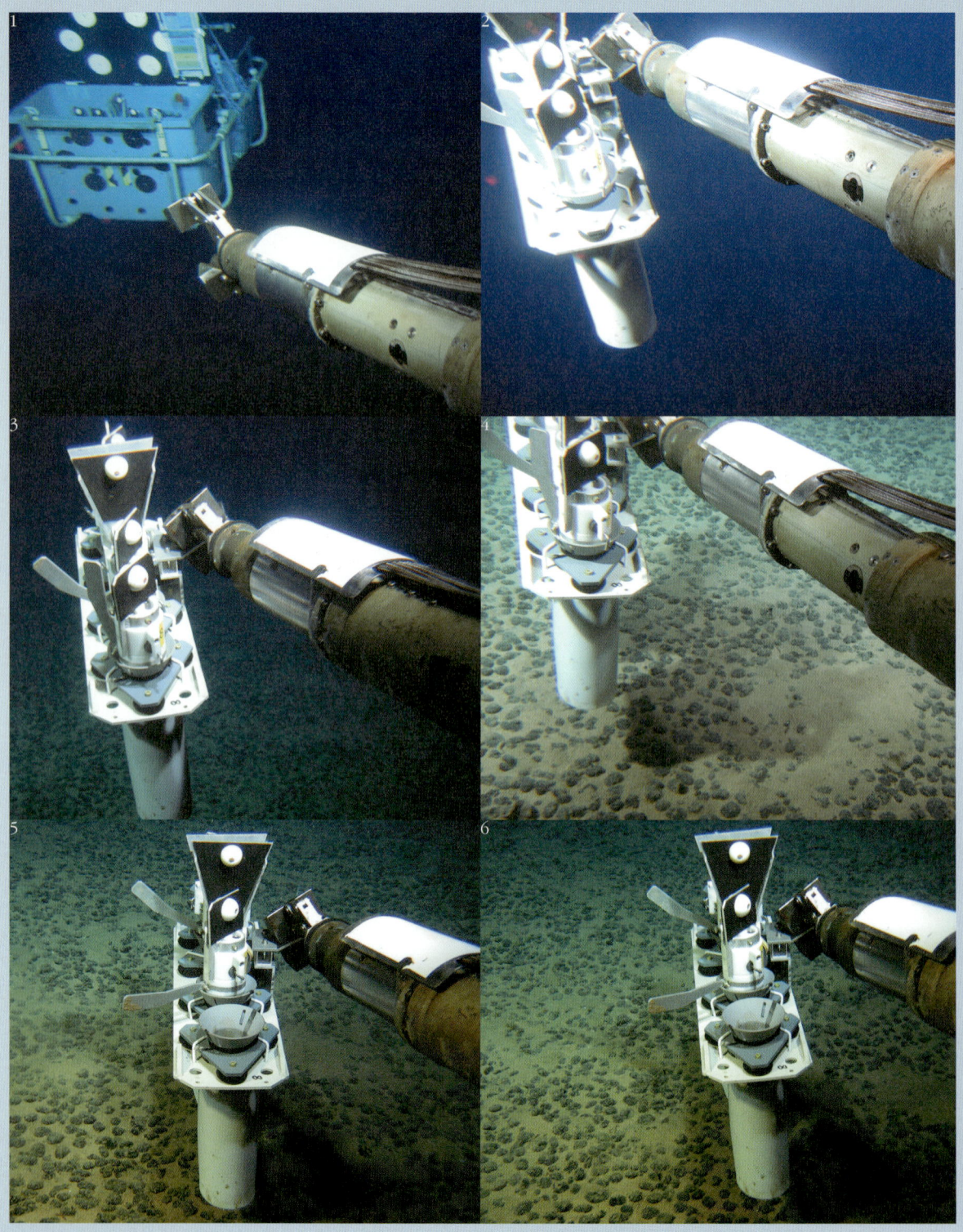

시료회수기에서 채취기를 꺼내 퇴적물을 채집하는 장면.

5044미터였다. 2시 24분. 눈앞에 길쭉한 꽃병처럼 생긴 하얀 해면이 나타났다. 조종사한테 해면을 채집하자고 하였다. 해면 가까이 접근하여 로봇 팔을 서서히 뻗었다. 공룡 입처럼 생긴 로봇 팔은 해면을 부드럽게 쥐어 들어올렸다. 그 순간 해면 속에 숨어 있던 뱀장어같이 생긴 작고 하얀 물고기가 놀라 부리나케 도망갔다. 심해생물들은 대부분 아주 천천히 움직이는데, 그 물고기는 내가 본 심해어 중 가장 빨랐다. 잠수정 앞쪽에 달려 있는 샘플 보관함에 해면을 집어넣었다.

잠수정은 다시 천천히 움직였다. 이번에는 망간단괴에 붙어 있는 부채처럼 생긴 원생동물이 눈에 들어왔다. 그 생물은 실험을 위해 특별히 채집해 달라고 주문받은 것이었다. 잠수정에서 채집기기를 꺼내어 펄과 함께 망간단괴째로 퍼 올렸다. 채집은 성공적이었다. 튤립처럼 생긴 해면과 몸이 투명하여 내장이 다 들여다보이는 해삼도 있었다. 그들 사이로 꼬리민태라는 물고기가 잠수정을 의식하지도 않고 유유히 지나갔다. 처음 보는 물고기도 눈에 띄었다. 그 물고기는 머리가 둥글고 매끈한 공 모양이었는데 희한하게도 눈이 아예 없었다. 빛이 없는 심해에서 사는 물고기는 눈이 퇴화되어 보지는 못하지만, 그래도 머리에 눈은 달려 있다. 잠수정 카메라로 연신 사진을 찍었고, 내 디지털 카메라로도 찍었다. 현재까지 '눈 없는 물고기'는 동굴에서 발견된 민물고기가 알려져 있을 뿐이다.

잠수정은 계속해서 천천히 바닥을 훑어 갔다. 5~6센티미터 크기의 망간단괴가 바닥에 빼곡이 널려 있었다. 생물들이 기어간 흔적이 군데군데에서 발견되고, 어떤 구멍 주변에는 생물이 파낸 흙이 언덕을 이루고 있었다. 심해생물

이번 탐사에서 낚은 월척 '눈 없는 물고기'.
심해에는 빛이 없어 물고기 눈이 퇴화되었다. 작은 사진은 유리거품해면.

들의 배설물도 여기저기 눈에 띄었다. 심해저는 우리가 생각했던 것보다 훨씬 많은 생물들이 살고 있는 심해생물들의 보금자리였다. 귀엽게 생긴 하얀 거미불가사리와 말미잘, 거무튀튀한 해삼들도 눈에 띄었다.

조금 더 가니 커다랗고 길쭉한 물체가 눈에 들어왔다. 고래뼈처럼 보였다. 로봇 팔로 들어올렸더니 고래의 턱뼈가 맞았다. 고래뼈 겉에는 망간단괴들이 다닥다닥 붙어 있었다. 망간단괴 크기로 보아 수백만 년 전에 죽은 고래뼈임이 틀림없다. 큰 수확이었다. 조금 가니 이번에는 망간단괴가 아닌 돌이 보였다. 지난번 잠수 때도 해저화산이 폭발할 때 생긴 화산탄이 발견된 적이 있었다. 아마도 같은 종류의 돌이 아닌가 싶었다. 고래뼈가 또 눈에 띄었다. 이번 것은 길이가 50~60센티미터쯤 되어 보였다. 역시 로봇 팔의 사냥 대상이 되었다.

흥미진진한 것들이 계속 발견되었다. 이번에는 길이가 60센티미터쯤인 커다란 해삼이 몸을 펄에 반쯤 묻고 먹이를 먹고 있는 장면이 포착되었다. 그 해삼은 몸빛이 연한 보라색이고 몸 뒤쪽에 자기 몸보다 더 큰 꼬리를 세우고 있었다. 이런 해삼 종류는 지난번 잠수 때도 노란색, 붉은색이 발견되었는데 이번 것은 색깔만 다르고 좀더 컸다.

헤엄치면서 지나가는 갯지렁이가 눈에 띄었다. 이 갯지렁이는 몸 옆에 잔뜩 나 있는 발을 나불거리면서 우아하게 헤엄치고 있었다. 바닥에는 머리가 빨갛고 몸통이 하얀 예쁜 새우가 가만히 서 있었다. 경황이 없어 그 새우는 찍지 못했다. 곧이어 클리오니[Clione]라는 동물플랑크톤이 춤을 추며 눈앞에 나타났다. 클리오니는 연체동물인데 몸에 달린 작고 귀여운 날개로 헤엄치면서 산

망간단괴가 붙어 있는 고래뼈 채취 장면. 망간단괴는 100만 년에 겨우 수밀리미터 자란다.

다. 작은 날개를 꼬물거리는 모습이 여간 귀엽지 않았다. 이런 심해에서 클리오니를 발견하기는 처음이었다. 날갯짓하며 헤엄치는 모습이 천사를 닮았다하여 서양에서는 클리오니를 '바다의 천사'라고 부른다. 사진을 찍었는데 너무 작아 알아볼 수 있을지 모르겠다. 이때 느닷없이 눈앞에 커다란 붉은 별이나타났다. 팔이 다섯 개인 커다란 불가사리였다. 곧 로봇 팔이 출동하여 불가사리도 덥석 집어 샘플 보관함에 넣었다.

조종사가 배터리를 확인하더니 이제 물 위로 올라갈 시간이라고 했다. 시계를 보니 4시 10분이었다. 2시 20분부터 생물을 채집했는데 1시간 50분이나 홀

페드로가 만든 합성 사진. 미국이 20여 년 전에 탐사한 지역에 장난스레 햄버거를 합성했다.

쩍 흘러가 버린 것이다. 아쉬웠지만 탐사를 마쳐야 했다. 오늘 임무를 모두 수행하여 마음이 홀가분했다. 모선과 교신한 후 잠수정은 매달고 있던 모든 추를 떼 버렸다. 수심을 알리는 계기판 숫자는 5044에서 차츰차츰 줄어들었다.

잠수정 안이 너무 비좁아 탐사 내내 거의 요가하는 자세로 있어야 했다. 다리에 쥐가 두 번씩이나 나서 고통스러웠지만, 눈앞에 펼쳐지는 심해의 신비가 그 고통을 없애는 진통제 역할을 했다. 하지만 탐사를 마치고 나니 온몸이 쑤셔서 몸을 움직이기가 힘들었다. 쪼그리고 엎드려 보기도 하고, 구부린 다리를 가슴에 붙여 누워도 보았다. 그러나 어느 자세 하나 편하지 않았다. 어젯밤

함께 탑승했던 조종사 프랑크(큰 사진)와 부조종사 줄리
앙(작은 사진). 잠수정 안은 몸을 움직일 수 없을 정도로
비좁다.

부터 물을 마시지 않아서인지 다행히 잠수정 안에서 소변이 마렵지 않아 덜 불편했다. 유일하게 프랑크만이 화장실용 플라스틱통 뚜껑을 열었다.

잠수정은 내려올 때보다 조금 빨리 올라갔다. 올라오는 1시간 30여 분간 우리들은 멕시코 음악을 들으면서 잡담을 나누었다. 혹시 심해에 사는 빛을 내는 생물들을 볼까 싶어 밖을 내다볼까도 생각했지만, 엄두가 나지 않았다. 가끔 모선과 교신하여 정상적으로 상승하고 있음을 알렸다. 프랑크가 장난삼아 나에게 무선교신마이크를 넘겨주어서 얼떨결에 모선에 현재 수심을 알려 주었다. 예상치 않은 낯선 목소리에 모선에서는 놀란 눈치였다. 잠시 소란스럽더니 답신이 왔다.

수심 2백 미터가 되자 동녘이 밝아 오듯 물 색깔이 짙은 코발트색으로 바뀌기 시작하였다. 물빛이 점점 밝아지더니, 미동도 하지 않던 잠수정이 널판 위에 올라앉은 것처럼 요동을 치기 시작했다. 창밖에 물거품이 난무하고, 반짝이는 수면에 물그림자가 너울거려 눈이 어지러웠다.

5시 45분. 드디어 탐사를 마치고 무사히 다시 수면 위로 올라왔다. 어제와 그저께 바람이 많이 불어 파도가 여느 때보다 높아서인지 잠수정은 급류 타는 보트처럼 미친 듯이 흔들렸다. 금세 현기증이 나고 속이 거북해졌다. 고무보트가 잠수정을 인양하는 10여 분간이 그렇게 길게 느껴질 수가 없었다. 인양하느라 잠수부들이 분주히 움직이는 모습이 창밖으로 보여 사진을 몇 장 찍고는 아무 생각 없이 그냥 자리에 엎드려 있었다. 어서 빨리 모선 위로 올라가기만 바랄 뿐이었다. 잠수정이 모선의 인양케이블에 연결되는 소리가 "덜컥—!" 들리더니 요동치던 잠수정이 갑자기 조용해졌다. 그제서야 살 것 같았다.

무사 귀환! 고지를 점령한 것마냥 가슴이 벅찼다.

요란스런 소리가 나더니 잠수정이 운반차량 위에 살며시 내려앉았다. 선원
들이 분주히 움직여 잠수정을 고정시켰다. 저녁 6시 5분이었다. 창밖을 보니
모두 나와 손을 흔들고 있었다.

다시 레일 위를 구르는 진동이 느껴지면서, 격납고가 점점 가까워졌다. 잠
수정은 이내 그림자 속으로 들어갔다. 출입구를 열면 기압 차이로 귀가 멍멍
해질 테니 입을 벌리고 있으라고 프랑크가 말해 주었다. 잠수정에 묻은 바닷

물이 세척되자 해치를 열어도 좋다는 신호음이 들렸다. 프랑크가 조심스럽게 해치를 돌려 열었다. 순간 귀가 멍했다. 잠수정 안의 물건들을 밖으로 보낸 후 프랑크는 접어서 천장에 붙여 놓았던 사다리를 다시 펴 제일 먼저 나갔다. 그 다음에 내가 사다리를 타고 올라갔다. 낯익은 얼굴들이 박수를 치고 있었다. 프랑크, 줄리앙과 나는 잠수정을 배경으로 기념 사진을 찍었다. 프랑크와 줄리앙은 내가 유니폼에 적어 준 한글 이름이 잘 보이도록 포즈를 취했다.

신고식을 치르고 있는 필자. 스티로폼 '니콘' 카메라는 필자가 사람들 사진을 많이 찍어 줘서 받게 된 것이다.

빙 둘러싼 사람들한테 탐험한 소감을 말해 주었다. 그 다음엔 노틸을 처음 타 본 사람들이 치러야 하는 신고식이 기다리고 있었다. 나는 여덟 번째로 호된 신고식을 치렀다. 로마에서는 로마법을 따라야 한다는 격언처럼 노틸의 전통이라니 따를 수밖에.

사람들이 여러 가지 신경써서 신고식을 준비해 놓았다. 세례식을 주관하는 장 클라우드가 안경을 벗으라고 하더니 머리에 용머리가면을 뒤집어씌우고, 목에는 스티로폼으로 만든 카메라를 걸어 주었다. 동양 사람들은 용을 좋아한다고 생각해서 용머리가면을 만들었을 것이다. 카메라는 내가 그동안 사람들 사진을 많이 찍어 줘서 특별히 만들어 놓은 모양이었다. 카메라에는 'NIKON'이라고 써 있었다. 프랑스 사람들은 니콘을 카메라 명품으로 여긴다. 20년 전 프랑스 파리와 일본 도쿄가 자매도시협정을 맺을 당시 니콘 사장도 식장에 초

대될 정도였다. 과학자들 사이에서도 독일의 자이스(Zeiss) 현미경과 더불어 니콘 현미경의 평판이 좋다.

장 클라우드는 나를 갑판에 데려가서 준비한 물통에 주저앉혔다. 그러고는 이상한 맛이 나는 빵 두 개를 먹이고, 1백 밀리미터짜리 매스실린더에 가득 담긴 불량음료처럼 보이는 붉은 액체를 마시라고 주었다. 술이 섞인 것 같은데 좀처럼 무슨 맛인지 알 수가 없었다. 그 다음에는 기름기 있는 구정물을 머리 꼭대기에다 부었다. 물에서는 시궁창 냄새가 나고, 무슨 음식 찌꺼기 같은 미끈거리는 건더기도 만져졌다. 눈을 뜰 수 없는 것이 오히려 다행이었다. 이제 신고식이 다 끝났다면서 깨끗한 물을 퍼부었다.

몸에 묻은 기름기를 닦아 내고 빨래를 하는 데 무척 오랜 시간이 걸렸다. 이 상한 액체 때문인지, 갑자기 더운 물로 너무 오래 샤워해서인지, 목욕 중에 갑자기 현기증이 나고 쓰러질 것 같아 그냥 욕실에서 나왔다. 한참을 누워 있으니 현기증이 가셔 간신히 뒷정리를 하였다.

저녁을 먹고 약 30분 동안 허겁지겁 발표할 것을 준비하였다. 회의 시간에 오늘 작업한 내용을 상세하게 이야기하고, 찍어 온 사진들도 보여 주었다. 잠수정 안에서 탐사 결과 발표를 염두에 두고 짬짬이 중요한 사항들을 기록해 놓았기 때문에 발표하기가 한결 쉬웠다.

전공이 다양한 과학자들이 돌아가면서 승선하였기 때문에, 잠수 후에 열리는 회의는 나와 다른 과학적인 지식을 가지고 있는 사람들이 보고 느낀 것을 들을 수 있어 좋았다. 내가 미처 못 본 것을 다른 사람이 발견할 수도 있기 때문이다. 여느 잠수 때보다 임무가 많았고, 탐사 결과도 훌륭했다고 모두들 칭

찬해 주었다. 그 말에 피곤이 싹 가셨다. 사람들은 찍어 온 사진 중에서 특히 '눈 없는 물고기'에 관심이 많았다.

우리 연구원의 김동성 박사와 정회수, 현정호 박사도 각각 인도양 2천5백 미터와 대서양 1천 미터까지 들어갔다 나온 적이 있지만, 이번 잠수 기록은 한국 과학자 중에서는 가장 깊이 들어간 것이다. 너무 피곤한 하루였지만, 최초로 태평양 심해저 수심 5044미터까지 직접 내려갔다는 사실이 무척 뿌듯했다. 앞으로는 인명 사고 위험성이 있는 유인잠수정보다는 배 위에서 조종할 수 있는 무인잠수정으로 심해를 탐사할 것이다. 비록 심해유인잠수정은 없지만 지금 우리나라도 심해무인잠수정을 개발하고 있어 수년 안에 무인잠수정을 탐사에 투입할 예정이다(2006년 6000m급 원격조종무인잠수정 '해미래'가 개발되었다). 그러니 사람이 직접 심해저에 내려갈 기회는 점점 줄어들 것이다. 그래서 오늘 같은 귀중한 기회를 준 모든 분들에게 감사하며 홀가분하게 잠자리에 들었다.

6월 16일

모처럼 편안하게 잠잤다. 이번 탐사의 가장 중요한 목적을 무사히 달성했기 때문일 것이다. 좋아하는 음악을 들으면서 어제의 잠수를 회상하는 것으로 오전 시간을 보냈다. 오후에는 어제 잠수에 대한 보고서를 작성하였다. 보고서 작성 방식은 마리가 미리 알려 주었다. 마리는 처음에는 프랑스어로 써야 된다고 농담하더니, 나중에는 자기가 프랑스어로 내용을 요약할 테니 영어로 쓰

심해 탐사 때 찍은 비디오를 보면서 주요 장면을 사진 파일로 저장하는 필자.

라고 했다. 탑승 과학자 이름, 탐사 일시·목적·내용·일정·결과 등을 보고서에 적고, 찍어 온 사진도 보고서 뒤에 첨부하였다. 디지털사진과 비디오 주요 장면들 중 52장을 선정하여 찍은 시간, 찍은 곳 등 설명글을 그 밑에 달았다. 몇 가지 안 되지만 그동안 익힌 프랑스어를 보고서에 쓰려고 노력하였다.

다시 찬찬히 비디오를 보니, 잠수정 안에서 미처 보지 못했던 장면들도 많았다. 계기판 살피랴, 카메라 모니터 살피랴, 사진 찍으랴, 탐사 활동 짬짬이 노트에 기록하느라 놓친 장면들이 많았던 것 같다. 창 바로 아래에 마이크가 달려 있어 정말 조종사와 대화한 내용이 모두 생생하게 녹음되어 있었다. 다시 한번 어제를 되돌아본 좋은 시간이었다. 마리에게 비디오를 복사해 줄 수 있느냐고 물었더니 탐사책임자에게 물어보란다. 아마도 자기 마음대로 복사해 주는 것이 곤란한 눈치였다. 기회 보아서 조엘 갈레롱에게 부탁해야겠다.

6월 17일

서쪽으로 가기 때문에 해 뜨는 시간이 계속 늦어졌다. 어제만 해도 7시경에는 동이 텄는데, 오늘은 8시가 다 되어도 컴퓨터실에서 내다본 창밖이 어두웠다. 오늘은 도착한 이메일이 많아 답장하는 데 거의 2시간이나 걸렸다. 딸아이가 학교생활을 담은 장문의 이메일을 보내왔다. 우리나라 고등학생들이 다 그렇듯이 공부하느라 바쁜 와중에 보낸 편지라 더욱 기뻤다. 딸아이는 학교 체육대회와 문화제, 학교 선생님들에 대한 이야기 등 그동안 있었던 일들을 자세히도 적어 보냈다. 새벽 5시 30분에 일어나 저녁 11시가 넘어 집으로 돌아와 숙제라도 마치면 새벽인데 언제 잠을 자는지 모르겠다. 아침에 일어나기 힘들어 하기는 하지만, 젊음이 좋긴 좋은가 보다.

요즘 학생들은 정말 애처롭게 보인다. 우리 때도 경쟁이 심하긴 했지만, 지금보다는 덜했던 것 같다. 어차피 인간을 포함한 모든 생물들은 경쟁하면서 살 수밖에 없다. 그게 자연의 섭리인데 어떻게 피할 수 있을 것인가? 인구는 자꾸 늘어나고, 일자리는 한정되어 있으니 경쟁이 점점 더 심해질 수밖에……

바다와 하늘이 빚어 낸 황홀한 하모니.

자식들이 건강하게 열심히 공부해서 이런 경쟁에서 살아남기를 바라는 것은 모든 부모들의 공통된 바람이리라. 방으로 돌아와 탐사 때 찍은 사진 파일들을 정리하였다. 다시 보아도 참 재미있었다.

하루 종일 흐렸던 어제 날씨가 이른 아침까지 계속되다가 푸른 하늘이 얼굴을 내밀었다. 평소보다 조금 일찍 아페리티프 미팅에 갔다. 아직 아무도 와 있지 않았다. 너무 이른가 하고 벽시계를 보았더니, 언제 1시간을 늦춰 놓았는지 9시 45분이었다. 탐사 활동이 끝나서인지 이 사실을 알리지 않아서 나는 모르고 있었다. 그러면 아까 컴퓨터실에서 보았던 8시가 실은 7시였던 모양이다.

탐사 자료를 정리하느라고 바쁘게 하루를 보냈다. 4시 30분에는 탐사 회의가 있었다. 여태까지 얻은 자료로 보고서를 작성해 달라는 요청과 자료를 사용할 때는 프랑스 국립해양개발연구소에서 수행한 탐사에서 얻었다는 사실을 꼭 밝혀 달라는 당부, 그리고 자료를 상업적으로 이용하지 말아 달라는 이야기도 있었다.

잠수가 연기되는 바람에 김이 빠져 미뤘던, 결혼기념일 겸 잠수정 탑승기념일 축하 파티를 일주일 뒤인 다음주 월요일 점심에 하기로 하였다. 인원이 많아 포도주 두 박스는 내야겠다.

오늘 일몰은 여태까지 본 것 중에서 가장 멋있었다. 갑판에 좀 늦게 나가는 바람에 해가 막 진 후 붉게 물든 하늘만 보았지만……. 노을 진 하늘에 녹색의 빛줄기가 세로로 그어진 좀 특이한 풍경이었다.

8시에 모니터를 보니 배는 북위 3도 36분, 서경 157도 50분을 지나고 있었다. 적도에 점점 가까워지고 있었다. 이제 토요일이면 적도를 지난다. 적도를 지날 때는 적도제를 지내는 것이 선원들의 풍습이다. 우리도 적도제를 지내고 파티를 연단다.

6월 18일

1시가 넘어 잠들었는데, 새벽에 일찍 눈이 떠졌다. 시계를 보니 5시 15분이었다. 기분이 상쾌하였다. 안경을 끼고 창밖을 내다보았다. 하늘에 별이 가득했다. 별똥별이 길게 하늘을 가르며 떨어지는 듯싶더니 어느 순간 시야에서 사라져 버렸다. 우리는 일주일에 몇 번이나 하늘의 별을 바라보는지? 고개 들어 하늘만 처다보면 될 일을 그동안 별 보는 것도 잊고 지냈다. 남은 기간 밤에는 별도 보고 달도 보아야겠다. 이제 적도를 넘어가면 눈에 익었던 별들이 사라지고, 새로운 별들이 밤하늘을 수놓으리라.

오늘이 음력으로 며칠인지 전혀 감이 잡히지 않았다. 달은 어떤 모양일까? 윗몸일으키기 운동과 체조로 몸을 푼 후 씻고 갑판으로 나갔다. 열대바다 특유의 후덥지근한 공기가 몸을 감쌌다.

신선한 공기를 마시고는 컴퓨터실로 이메일을 확인하러 갔다. 아내와 어머니한테서 집안 소식을 담은 정겨운 이메일이 와 있었다. 논문집 재교를 보고 있다는 편집간사의 편지도 있었다. 간사는 이번 토요일이 근무하는 마지막 토요일이라는 소식도 아울러 보내왔다. 7월부터는 연구원이 주5일근무제를 실시하기 때문이다. 자기를 계발할 수 있는 시간이 많아져 나도 기뻤다. 시간에 쫓겨 읽지 못했던 교양서적도 많이 읽고, 사진도 많이 찍고, 글도 많이 쓸 생각이다. 생각해 보니 할 일이 참 많다. 그렇지만 아이들은 토요일에도 등교하기 때문에, 식구들과 보낼 시간은 예전이나 마찬가지일 터이다.

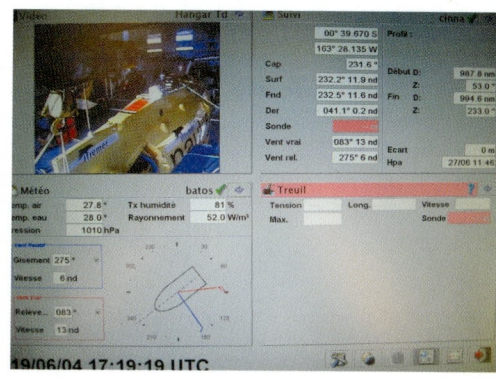

일출을 보려고 7시 조금 넘어 다시 갑판으로 나갔다. 모니터를 보니 배는 북위 2도 32분, 서경 159도 37분을 지나가고 있었다. 대기온도는 섭씨 28.2도, 수온은 섭씨 27.9도를 가리켰다. 적도에 가까워지면서 기온과 수온도 높아졌다.

7시 32분. 드디어 해가 수평선과 구름 사이로 장엄하게 얼굴을 내밀었다. 바다는 온통 금가루를 뿌려 놓은 듯 황금빛으로 출렁였다. 그러나 해는 곧 구름 속으로 다시 자취를 감추었다. 그 덕분에 해를 숨겨 주었다가 들켜 버린 구름들만 발그레해졌다. 바닷바람을 맞으며 떠오르는 태양을 보고 있으니 태양과 바다의 기운이 몸 안으로 파고드는 듯해 기운이 솟고, 몸이 공중에 붕 뜬 것처럼 상쾌해졌다.

지난번 물세례를 받았을 때 더러워진 운동화를 빨았다. 가죽 제품은 응달에서 말려야 된다고 들은 것 같아 방 안에 두었는데 영 마르지 않았다. 운동화를 갑판에 내다 널었다. 그런데 가는 날이 장날이라고 구름이 많이 몰려오는 것이 날씨가 심상치 않았다. 운동화를 다시 방에 가져다 놓았다.

방에서 글을 쓰다가 창밖을 내다보니 그새 비가 내렸다. 거의 다 말라 가던

195

운동화를 다시 적실 뻔했다. 비 내리는 바다는 나름대로 운치가 있었다. 창에 바싹 붙어 물 위로 떨어지는 빗방울을 구경하였다. 빗줄기가 세차서인지 파도에 흔들리는 수면에도 빗방울 자국이 뚜렷하게 남았다. 파도가 그 자국을 지우면, 빗방울은 또 금세 자국을 만들었다. 바다에 떨어지는 빗방울은 어떤 소리를 낼지 쓸데없는 궁금증이 일었다. 이런 날은 처마에서 떨어지는 낙숫물 소리를 들으며 빈대떡을 안주 삼아 소주를 마셔야 제격인데. 비가 오락가락하면서 하루해가 다 지나갔다.

탐사를 마치고 돌아가면, 잠수정을 타고 태평양 심해저에 들어갔다 나온 체험을 글로 남기려고 생각하고 있었다. 그래서 열심히 기록해 놓고 사진도 부지런히 찍어 놓았다. 마침 〈동아일보〉에서 탐사 현장에서 보낸 원고가 더 현장감 있어 좋겠다며 원고를 청탁하여, 글과 사진을 이메일로 보냈다. 제한된 이메일 용량 때문에 사진을 2백 킬로바이트 이내로 줄여서 보냈는데 화질이 좋을지 모르겠다.

그동안 내가 찍은 사진을 보려고 성화를 부리는 사람들이 많아, 〈동아일보〉에 보낼 사진을 정리하는 김에 모두 정리하여 공유 파일에 올려 놓았다. 프랑크는 아예 옆에서 기다리고 있다가 올려 놓기가 무섭게 사진을 열어 보며 좋아했다.

오후 5시경에 갑자기 화재 경보가 울렸다. 집합 장소에 가 보니 화재대피훈련이었다. 출석 여부를 확인하고는 각자 일상생활로 돌아갔다. 오늘 밤 12시에 다시 1시간을 늦춘다. 그러면 우리나라보다는 19시간이 더 늦는다. 내일 아침에 또다시 여유를 맛보게 생겼다. 이렇게 매일 1시간씩 늘어나면 얼마나 좋을까 하는 쓸데없는 생각에 피식 웃음이 나왔다.

호위츠(Horwitz)라는 미국 작가가 쿡 선장의 항해 항적을 따라 여행하며 쓴 『푸른 항해』를 다 읽었다. 마침 영국에서 온 아드리안도 그 책을 읽고 있어 서로 이야기할 기회가 많았다. 쿡 선장의 세 차례에 걸친 항해로 세상 사람들은 세계가 어떻게 생겼는지 비로소 알게 되었다. 쿡 선장이 1768년 첫 항해를 떠날 때만 해도 세계지도의 3분의 1은 미지의 세계로 남아 있었기 때문이다.

쿡은 항해하면서 지리적인 발견을 했을 뿐만 아니라 많은 과학적인 자료들도 남겼다. 엔데버호에는 박물학자와 천문학자들도 승선하여 과학적인 관찰이 가능했기 때문이다. 세계지도를 보면 여기저기 쿡의 흔적이 남아 있는 곳이 많다. 10년쯤 전에 오스트레일리아 타운즈빌에서 열린 학회에 참석한 일이 있었는데, 학회가 열린 대학교 이름이 제임스 쿡이었다. 그런데 정작 쿡이 태어난 영국에서는 그의 업적에 비해 그에 대한 관심이 적지 않나 하는 인상을 받았다. 몇 년 전 런던에 갔을 때, 넬슨 제독 동상은 번화가에 번듯하게 세워져 있었지만 쿡 선장 동상은 어디에 있는지 찾을 수 없었기 때문이다.

위대한 항해가 쿡의 항해 기록을 잠깐 살펴보자. 1768년 8월, 쿡 선장이 지휘하는 94명의 탐험대를 태운 엔데버가 영국 플리머스항을 떠났다. 쿡 선장은 1769년 6월 타히티를 거쳐 당시에는 그 존재를 확인하지 못했던 남극대륙을 찾아 나섰다. 쿡은 계속 남서쪽으로 항해하면서 폴리네시아의 여러 섬들과 뉴질랜드, 오스트레일리아 등을 탐사하였다. 그렇지만 끝내 남극대륙을 발견하지 못했다. 1770년 4월 오스트레일리아 북동부의 산호초에 좌초되었다가 간신히 빠져나온 쿡 일행은 그해 10월에 인도네시아 자바 섬에 들르는데 거기서

미지의 땅 남극대륙을 향해 돛을 올린 엔데버호 모형(큰 사진). 쿡 선장은 이 항해를 비롯해 세 차례 항해로 세계의 윤곽을 밝혀냈다(작은 사진).

쿡은 말라리아로 많은 선원들을 잃는다. 쿡 선장은 2년 11개월간의 오랜 항해를 마치고 1771년 7월에 영국으로 돌아왔다.

돌아오자마자 쿡은 배 두 척을 구해 다시 항해를 준비하였다. 새로운 어드벤처호에는 선원 80명과 과학자가 탔으며, 쿡 선장의 기함인 레졸루선호에는 선원 1백12 명과 과학자가 승선하였다. 쿡의 2차 탐험대는 1772년 7월 플리머스항을 출발하여 아프리카 희망봉을 지나 남위 60도 해역을 탐사하였다. 당시만 해도 남극해는 누구도 항해해 본 적이 없는 미지의 바다였다. 쿡 선장은 1774년 1월 30일 남위 71도 10분, 서경 106도 54분 지점까지 이르렀다. 이 기록은 당시로서는 가장 남쪽까지 항해한 것이었다. 1774년 2월부터 10월까지는 남태평양을 항해하며 이스터 섬, 통가, 마르케사스, 뉴헤브리디스, 누벨칼레도니 등을 탐사하였다. 그후 1775년 1월부터 2월까지 대서양의 남극권을 탐사하면서 사우스샌드위치 제도와 사우스조지아 섬을 발견하였다. 쿡은 플리머스항을 떠나 3년 17일을 항해하고, 1775년 7월 다시 영국으로 돌아왔다. 그러나 아쉽게도 2차 항해에서도 남극대륙을 발견하지는 못했다.

1776년 7월 12일 쿡은 북서항로를 찾기 위해 레졸루션과 디스커버리호를 이끌고 영국을 출발하였다. 1778년 1월 18일 태평양 한가운데에서 하와이 제도를 발견하고 북아메리카 서해안을 따라 북쪽으로 올라가 1778년 8월 북위 70도 44분에 이르렀으나, 새로운 항로를 찾는 데는 실패하였다.

쿡은 북극해의 혹독한 겨울을 피해 1779년 1월 하와이로 돌아와 휴식을 취한 뒤 2월 4일 다시 탐험에 나섰다. 그러나 레졸루션의 돛대가 강풍에 부러지는 바람에 2월 11일 다시 하와이로 돌아왔다. 그런데 선원들과 원주민들 사이에 싸움이 벌어지고 그 와중에 쿡은 어이없는 죽음을 맞았다. 1779년 2월 14일이었다. 레졸루션과 디스커버리는 쿡이 죽은 후에도 계속 탐사하고 1780년 여름 4년간의 항해를 마치고 영국으로 돌아왔다.

쿡은 1768년부터 1779년까지 남극에서 북극까지, 그리고 태평양·대서양·인도양까지 그야말로 전세계를 배로 누비고 다녔다. 하와이에서 뜻하지 않은 죽음을 맞기 전까지 무려 32만 킬로미터가 넘는 거리를 항해하였다. 이는 적도를 따라 지구를 무려 여덟 번 돈 것으로 지구와 달까지 거리와도 맞먹는다. 쿡 선장은 범선을 몰고 달까지 간 셈이었다. 그는 항해하면서 원주민들에게 성병을 옮기는 등 부정적인 영향도 많이 끼쳤지만, 뱃멀미를 참으며 탐험한 불굴의 정신력이 있었기에 우리 지식의 폭이 그가 탐험한 바다만큼이나 넓어진 것이다.

6월 19일

거의 이틀 간격으로 시간을 1시간씩 늦추다 보니 자는 시간은 엇비슷한데 일어나는 시간이 점점 빨라졌다. 새벽 5시에 일어나서 모니터를 보니 배는 남위 0도 31분, 서경 163도 17분을 속도 11.9노트로 달리고 있었다. 간밤에 적도를 통과하였다. 대략 시간을 계산해 보니 자정이 조금 넘었을 무렵 같다. 그때는 잠들기 전이었는데 모니터를 확인해 볼걸 하는 아쉬움이 남았다. 이제 배는 남반구로 들어섰다. 기온은 섭씨 28도, 수온은 섭씨 28.1도. 적도 근처라 후덥지근하지만, 남반구는 지금이 겨울이다.

갑판으로 나갔다. 아직 하늘은 캄캄하고 동쪽 하늘만 동이 틀 준비를 하고 있었다. 눈이 어둠에 익자 하늘에 별들이 나타나기 시작했다. 구름이 군데군데 끼었는지 별이 그다지 많지는 않았다. 동쪽 하늘에 유난히 밝게 빛나는, 낮게 떠 있는 것이 있었다. 금성, 샛별이었다. 도시에서 보는 금성보다 훨씬 밝았다.

동녘이 뿌옇게 밝아 오자 별들은 하나 둘씩 하늘 뒤로 숨었다. 그렇지만 금

넵튠(바다의 신)의 신하들로 분장한 일행들(위)과
넵튠에게 제출한 아드리안의 탄원서(아래).

성만은 보석처럼 계속 빛났다. 6시 50분 태양이 수평선에 모습을 나타내자 힘을 잃은 금성이 물러가 버렸다. 배가 남서쪽으로 향하고 있기 때문에, 후갑판 오른쪽으로 또다시 해돋이의 장관이 펼쳐지기 시작했다. 구름이 매일 다른 그림을 그리기 때문에 아침마다 보는 일출이지만 지루하지가 않았다.

오늘은 적도제를 지내는 날이었다. 적도제는 배가 적도를 넘을 때 여는 전통적인 선상 행사로, 바다의 신 '넵튠'이 적도를 처음 넘는 사람들의 죄를 심판하여 벌을 내리는 것이 주 내용이다. 10시가 되자 음악, 호루라기, 고함 소리로 배 안이 시끌시끌해졌다. 물통에다 종이로 챙을 붙여 프랑스 경찰 모자처럼 만들어 쓴 사비에르와 또 다른 선원 두 명이 도깨비방망이와 경찰봉을 휘두르면서 적도를 처음 통과한 사람들한테 넵튠이 발행한 소환장을 나눠 주었다. 오후 4시에 열릴 적도제 때 죄인으로 출두하라는 것이다.

오늘 넵튠 앞에 끌려 나가 심판받을 사람은 모두 스물세 명. 적도제를 치르면 적도통과증을 발급받는데, 이 증명서가 있으면 다음번 적도제에선 소환당하는 꼴을 면한다. 죄인들은 각자 자기 죄목을 넵튠에게 써서 냈다. 나는, 20년 넘게 연구를 위해 많은 바다생물을 죽인 죄는 실로 크지만 넵튠이 다스리는 바다의 아름다움을 사람들한테 알리고자 함이었으니 정상을 참작해 달라고 탄원서를 제출했다.

죄인들은 실험실에 모여 분장하였다. 아드리안은 해적으로 분장하느라고 두건을 쓰고 얼굴에 칼자국을 그렸다. 많은 죄인들이 하얀 티셔츠에 빨간색 매직펜으로 'F.L.A.N.'이라고 썼다. 그것은 Front Liberation Anti Neptune의 약자로 우리말로 옮기면 '반넵튠 해방전선'쯤 된다. 15분 전 4시가 되자 바이

바닷물 세례를 받고 있는 죄인들(?).
적도제는 배가 적도를 넘을 때 여는 선상 행사인데 적도를 처음 넘는 사람들은 넵튠에게 죄를 고해야 한다.

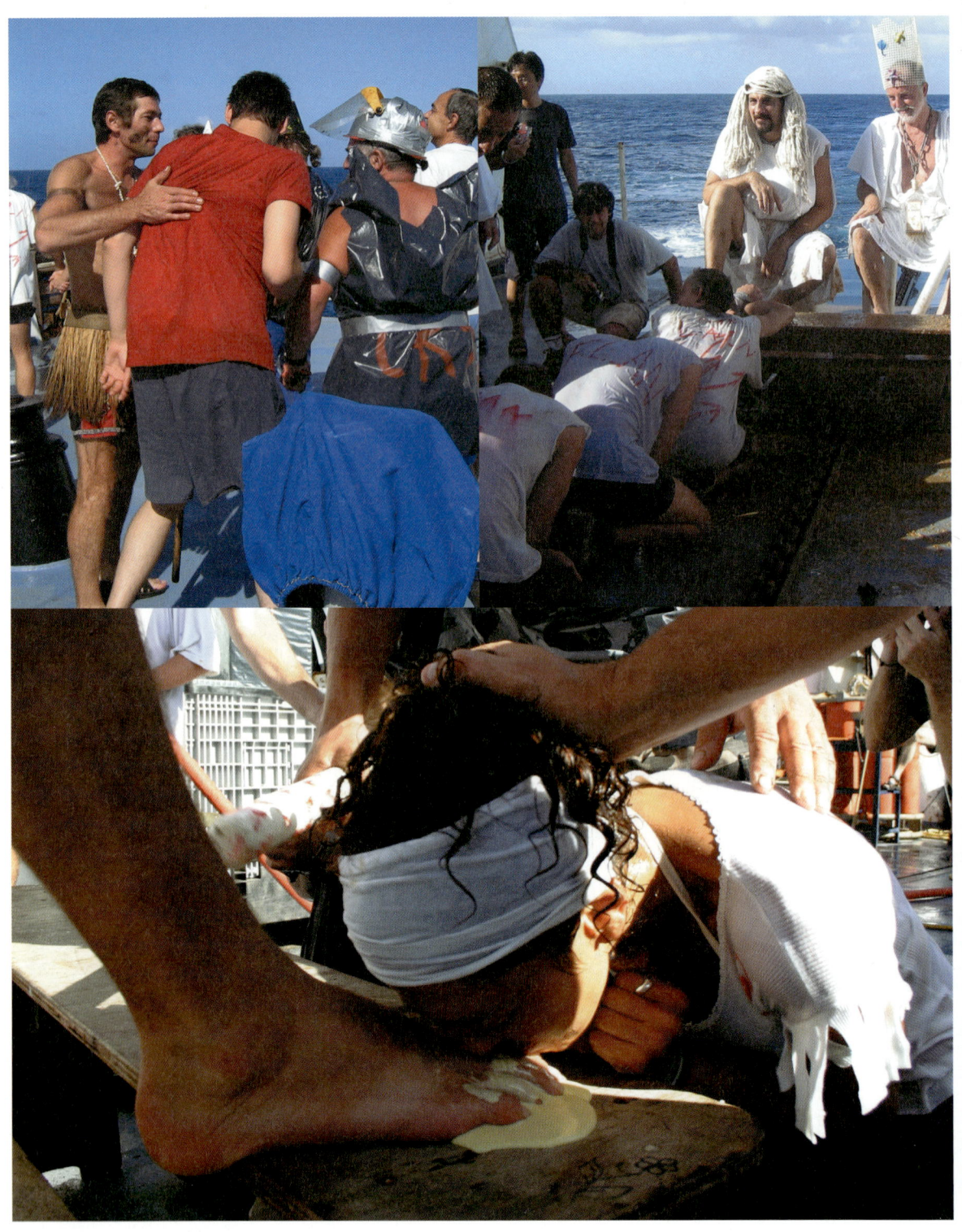

적도제 이모저모. (시계 방향으로)넵튠 부하들에게 끌려가는 죄인들, 넵튠 앞에 끌려 나온 죄인들, 넵튠 부인의 발을 핥고 있는 죄인.

킹, 프랑스 경찰, 아프리카 원주민, 데모 진압 경찰 등으로 분장한 넵튠의 부하들이 죄인들을 잡으러 다녔다. 죄인들은 모두 갑판으로 끌려갔다. 넵튠 부하들은 죄인들의 손을 테이프로 묶고, 죄인들을 한곳으로 모아 놓더니 소방호스로 바닷물을 뿌렸다. 강한 수압에 모두들 등을 돌리고 물벼락을 맞았다. 짭짤한 바닷물이 입 속을 파고들었다.

넵튠 부하들은 죄인을 한 사람씩 호출하였다. 그러고는 구역질이 나는 음료를 강제로 먹였다. 별 생각 없이 꿀꺽 들이켰는데 저절로 욕지기가 솟구쳤다. 나중에 어떻게 만들었는지 물어보았더니, 바닷물에 소금·겨자·식초·후추를 넣었다고 한다. 이 의식을 치른 후 죄인들은 오랏줄에 묶여 넵튠과 넵튠의 부인이 앉아 있는 곳으로 줄줄이 끌려갔다.

레클레르가 넵튠으로, 누벨칼레도니 출신 선원 필립이 넵튠 부인으로 분장하였다. 레클레르는 옛날 로마 사람들처럼 몸에는 흰 천을 두르고, 머리에는 가발과 여러 해양생물을 붙여 만든 왕관을 쓰고, 목에는 위스키병을 목걸이 삼아 걸고, 손에는 삼지창을 들고 앉아 있었다. 가슴에 풍선을 불어넣은 필립 역시 흰 천을 두르고 앉아 있었다. 죄인들은 호명할 때까지 물세례를 받으며 앉아서 기다렸다.

넵튠의 부하가 이름을 부르면, 넵튠 앞에 나가 무릎을 꿇고 앉아야 한다. 그다음 넵튠 부인의 발에 부은 구역질 나는 액체를 핥는다. 묽은 누런 그 액체에서는 겨자와 식초 맛이 났다. 혀를 대는 순간 저절로 몸서리쳐졌다. 죄목이 낭독되면 넵튠은 죄인에게 죄목에 걸맞은 벌을 내린다. 죄인은 빵조각을 먹고, 음식 찌꺼기로 만든 끈적끈적한 구정물을 뒤집어쓰게 된다. 마지막은 바닷물

적도통과증(왼쪽)과 노틸탑승증(오른쪽).

세례.

적도제에서 넵튠한테 벌을 받은 죄인들이 풀려났다. 넵튠의 부하가 묶인 손을 풀어 주었다. 구정물을 닦아 내고 빨래하느라 거의 1시간 동안 샤워했다. 간신히 운동화를 말려 놓았는데 또다시 빨게 생겼다.

샤워했는데도 냄새가 나는 것 같아 영 기분이 찝찔하였다. 갑판의 수영장으로 가서 바닷물에 몸을 담갔다. 첫날은 민물을 담아 놓더니, 그 다음날부터는 소방호스로 바닷물을 채워 놓았다. 소방호스를 세게 틀었더니 수영장 물이 계곡물 흐르듯 요동쳤다. 물거품이 부글부글 올라오는 것이 영락없는 거품목욕탕(Jacuzzi)이었다. 물 나오는 곳에 등을 대어 한참 동안 안마를 받았다. 물살을 맞아 살이 떨리는 것이 느껴졌다. 등이 가끔 결려서였는지 그렇게 시원할 수가 없었다. 눈앞에는 검푸른 적도 태평양이 시원하게 펼쳐져 있었다. 이렇게 전망 좋은 노천탕도 없으리라. 적도제 때 뒤집어썼던 오물이 몸에서 다 떨어져 나간 듯 몸이 개운했다. 방에 돌아와 다시 샤워해서 소금기를 털어 냈다. 바닷물에 들어앉아 있어서였는지 피부가 아주 보드라워졌다. 이래서 사람들이 해수탕을 찾는 모양이다.

저녁때는 바비큐파티가 열렸다. 파티장에서 선장이 내 이름이 적힌 적도통과증과 노틸탑승증을 건넸다. 석양을 배경으로 이글거리는 숯불, 지글거리며 익는 고기와 소시지, 흥겨운 음악과 즐거운 대화. 정말 오랜만에 칵테일과 포도주를 많이 마셨다. 적도제 때 속이 메스껍던 기억이 다 가셔 버렸다. 웃고 즐기는 동안 하늘은 어두워지고 하나 둘 별이 얼굴을 내밀었다. 저 멀리 수평선에 어선의 불빛이 보였다. 탐사 기간 중에 처음으로 다른 배를 보았다. 반대편에도 불빛이 있었다. 참치 잡는 어선인 모양이었다.

별 네 개가 십자가 형태로 박혀 있는 남십자성이 보였다. 우리나라에서는 볼 수 없는 별이다. 하와이에서는 남십자성을 볼 수 있다고 크레이그가 말했다. 남십자성을 볼 수 있는 한계선은 대략 북위 20도다. 그렇지만 눈에 익은 북극성과 북두칠성은 찾을 수 없었다. 북극성은 북반구에서만 볼 수 있다. 적도를 넘어 남반구에서는 수평선 너머에 있어 보지 못한다. 밤이 깊어지자, 선상은 무도장으로 바뀌었다. 이봉은 세계 각국의 흥겨운 춤곡과 깜박이 조명으로 분위기를 한층 띄웠다. 자정이 지나 방으로 돌아왔다.

6월 20일 *June*

어제 무리해서인지 다른 날보다 잠자리에서 일어나는 몸이 조금 무거웠다. 이제는 일출 보는 것이 습관이 되었다. 아침에 일찍 눈이 떠지기도 하지만, 일출을 바라보고 있노라면 힘이 솟았다. 오늘 태평양은 정말 이름 그대로 태평양이었다. 1520년 마젤란이 남아메리카대륙의 끝단에 있는 미로와 같은 마젤란 해협을 빠져나간 순간 드넓은 대양이 펼쳐져 있었다. 그 바다가 무척 고요해

서 마젤란은 그 대양을 '태평양'이라고 불렀다. 이름에 걸맞게 오늘 아침 태평양은 마치 호수처럼 잔잔하였다.

점심에는 가자미요리가 전채로, 오리고기가 주 요리로 나왔다. 오리고기를 먹어서인지 후식으로 나온 슈크림도 오리 모양의 빵에 담겨져 나왔다. 마치 오리가 물 위에서 헤엄치고 있는 것 같은 예술 작품이었다. 그냥 먹기가 아까워 카메라를 가져와서 사진을 찍었다.

조타실에 올라가 해도를 보았다. 남태평양에는 섬들이 많다. 오늘은 피닉스 섬 부근을 지날 것이다. 그렇지만 배에서 너무 멀리 떨어져 있어 섬을 보기는 힘들 것이다. 지도에는 우리가 지나간 곳에서 수백 킬로미터 떨어진, 폭발성 폐기물을 버리는 장소가 표시되어 있었다.

어제 적도제를 하면서 찍은 사진을 공유 파일에 올려 놓았냐고 물어보는 사람들이 많아, 저녁때 컴퓨터실에 들렀다. 나도 죄인으로 끌려 다니는 바람에 정작 적도제의 하이라이트 장면은 거의 찍지 못하고, 준비 과정과 뒤풀이 행사 장면만 많이 찍었다. 사진을 업로드한 후 이메일을 확인하였다. 〈동아일보〉 이충환 기자에게서 이메일이 와 있었다. 지난번 보낸 원고에 대한 질문이었다. 답장을 쓰느라고 시간이 지체되어, 저녁식사 시간 끝나기 바로 전에야 간신히 저녁을 먹었다.

배에서는 이메일을 모았다가 하루에 세 번 보내는데, 저녁에는 9시에 보낸다. 그래서 저녁을 후닥닥 먹어 치우고 시간에 쫓기면서 못 열어 보았던 이메일에 답장을 썼다. 크레이그는 오늘이 미국에선 '아버지날'인데, 딸이 이날을 기념해 이메일을 보내왔다며 자랑했다. 생김새와 쓰는 말은 달라도, 자식의 자그마한 행동에 일희일비하는 부모의 마음은 동서양이 다르지 않은가 보다.

10시에 뱃머리 갑판으로 나갔다. 마스트에만 항해등이 켜져 있어 주변이 캄캄했다. 눈이 어둠에 적응이 안 되어 처음 몇 분 동안은 바로 앞도 잘 보지 못했다. 간신히 뱃머리로 더듬더듬 걸어가서 해먹에 누웠다. 하늘은 칠흑같이 어둡고, 수평선 가까이 떠 있는 실낱 같은 그믐달은 짐승의 눈 같았다. 달에서 흘러나온 달빛이 어두운 밤바다를 가르고 배까지 닿아 있다.

열대 밤바다의 비릿하고 축축한 바람이 해먹을 흔들었다. 머리 위의 마스트가 시계추처럼 좌우로 그네를 탔다. 한참을 누워 있으니, 눈이 어둠에 익어 야간투시경을 쓴 듯 주변이 잘 보였다. 숨어 있던 별들이 하나 둘씩 얼굴을 내밀었다. 밝은 별들이 나타나자, 이에 질세라 어두운 별들도 앞다투어 달려 나왔다. 칠흑 같던 밤하늘에 잠깐 사이에 별들의 잔치가 벌어졌다. 어디에 이렇게 많은 별들이 숨어 있었을까? 뱃머리부터 꼬리 쪽까지 수많은 별들이 하늘에 다리를 놓았다. 은하수가 이렇게 아름다울 수가! 마치 은가루를 뒤집어쓴 용이 하늘로 날아가는 듯했다. 저 많은 별들은 언제 어떻게 생겨났을까? 별을 보니 별별 생각이 다 들었다.

은하수를 처음 보고 감탄했던 것은 대학 시험에 합격한 1977년 1월인가 2월에 난생 처음 제주도로 여행 갔을 때였다. 어두운 밤 문득 올려다본 하늘에는 정말 별들이 많았는데 별들 사이로 길게 흐르는 은하수가 유독 눈길을 사로잡

앗다. 그러다 1996년 온누리를 타고 처음 태평양 탐사를 나갔을 때 다시 은하수에 매료되었다. 그동안 매일 밤 찾아오는 은하수를 볼 틈도 없이 바쁘게 살아왔다. 물론 보려고 했어도 도심에서 은하수를 보는 것은 그야말로 하늘에서 별 따기처럼 힘든 일이었겠지만.

자정에 또 1시간을 늦추었다. 이제 여기 시간은 우리나라보다 20시간이 더 늦다. 위치로 보면 시간을 늦추는 것도 이번이 마지막이다. 이제 날짜변경선을 넘으면 그동안 1시간씩 벌었던 것이 한순간에 없어진다. 하루가 아예 달력에서 사라져 버린다. 내 계산으로는 6월 22일 화요일 자정이 지나자마자 바로 6월 24일 목요일 새벽이 될 것이다.

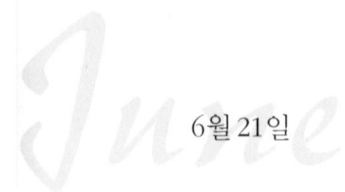

6월 21일

1시간 늦춰 놓았는데 생체 리듬은 빨리 바뀌지 않았다. 새벽 4시 12분에 잠이 깨었다. 더 잘까 하다가 그냥 일어났다. 이메일에 답장하고 나서, 어디쯤인지 모니터를 확인하였다. 남위 6도 29분, 서경 171도 10분을 지나고 있었다. 수온은 섭씨 29도, 기온은 섭씨 27도였다. 적도에서 남쪽으로 항해하면서 기온은 점점 내려가는데, 수온은 아직도 상당히 높았다. 공식적으로 남반구는 지금 겨울이지만, 적도에서 멀지 않아 아직 겨울이 실감나지 않았다.

점심시간에 포도주파티를 열었다. 식당 메뉴판에는 오늘 내가 포도주를 한턱 낸다는 공고문이 붙어 있었다. 나는 모두에게 탐사도 무사히 마쳤고 결과도 좋은 것을 축하한다는 인사말을 하였다. 모두 내게로 와서 고맙다며 건배를 제안했다. 오후가 되면서 날씨가 흐려지더니 비가 내렸다.

잠수정 탑승기념일 겸 결혼기념일 축하 포도주를 내겠다는 필자의 공고문.

오늘부터 다시 탁구대회가 시작되었다. 첫 탐사 장소로 이동할 때도 탁구대회가 열렸는데, 그때는 참가하지 않았다. 아무래도 정식으로 시합하다 보면 이기려는 욕심이 앞서 무리하게 되고 그러다 보면 다칠까 봐서였다. 그래서 몸 푸는 정도의 연습 시합만 가끔 했다. 심해저 탐사라는 중요한 일정을 앞두고 여간 몸에 신경이 쓰였던 것이 아니다. 혹시라도 몸 상태가 안 좋아 잠수하지 못하게 될까 하는 염려 때문이었다. 눈 다래끼 때문이기도 했지만 사실 잠수 전에는 좋아하는 술도 마시지 않았다. 코냑을 두 병 사 놓았는데, 아직 거의 그대로 남아 있다.

대진표가 짜이고 나는 패트릭과 1차전을 겨루게 되었다. 시합 시간은 내일 10시. 선원들의 탁구 실력이 보통이 아니다. 오후에 크레이그와 오랜만에 다시 탁구를 쳤다. 탐사 기간 중에는 서로들 바빠서 치지 못했는데 이제 다시 탁구 붐이 일었다.

오후 4시 30분에 독일 해양생물다양성연구센터에서 온 페드로가 최근에 수행한 심해생물다양성 프로젝트 결과에 대해 발표하였다. 세미나가 끝난 후 실험실에서 간단한 칵테일파티가 열렸다. 용설란 술인 테킬라로 만든 마가리타, 사탕수수로 만든 럼주에 콜라를 섞은 럼앤콕, 리카르에 물을 탄 칵테일 등에 토르티야 칩이 안주로 나왔다. 토르티야는 살사에 찍어 먹으면 맛이 그만이

음악을 연주하는 알렉시(왼쪽)와 다니엘(오른쪽).선상에선 짬짬이 간소한 파티가 열린다.

다. 스페인 출신인 페드로가 살사(salsa)는 스페인어로, 소스라는 뜻이라고 알려 주었다. 흔히 우리는 살사소스라고 하는데 '역전 앞', '처갓집'처럼 같은 말을 겹쳐 사용한 셈이다.

음악이 없다고 아쉬워하던 알렉시가 기타를 가져와서 동승한 의사 다니엘과 같이 연주하였다. 다니엘은 이번 탐사가 재미있었는지 우리 연구원에서 탐사 나갈 때 의사가 필요하면 자기한테 이야기하라고 했다. 다니엘은 탐사 기간 내내 나한테 훌륭한 사진작가라며 만날 때마다 입에 침이 마르게 칭찬하였다. 그래서인지 나도 유독 다니엘의 사진을 많이 찍어 주었다.

비가 그치고 여기저기에서 파란 하늘이 보이기 시작했다. 석양은 그다지 화려하지 않았지만, 반대쪽 하늘에서 쌍무지개를 보는 행운을 얻었다. 이 무지개는 해 질 때를 전후해서 약 30분간 동쪽 하늘을 아름답게 수놓았다. 성공적인 탐사를 축하해 주려는 듯. 구름 때문에 반원이 완벽하게 그려지지 않아 좀 아쉬웠지만.

6월 22일 *June*

자꾸 일찍 일어나서 푹 잘 요량으로 어젯밤에는 수면제 한 알을 먹고 잠자리에 들었다. 그런데 일어나 보니 5시 15분이었다. 잠자는 도중에 깨지도 않았는데 아침에 일어날 때 기분이 그다지 상쾌하지 않았다. 수면제 때문인가 해서 괜히 먹었다는 후회가 들었다. 여느 날처럼 씻은 후 바닷바람을 쐬고, 이메일

213

을 확인하였다. 어머니와 아내의 편지는 그동안의 집안일과 나의 건강에 관한 것이었다. 연구원 동료들 메일은 심해저 탐사를 무사히 마쳐 축하한다는 내용이었다. 멀리서나마 자기 일처럼 기뻐해 주는 동료들이 무척 고마웠다.

모니터를 보니 아탈랑트는 남위 9도 31분, 서경 175도 13분을 11.7노트로 지나고 있었다. 맞바람을 맞으면서 달리기 때문에 배의 속도가 영 올라가지 않았다. 아침으로 코코아를 한 잔 마셨다. 배 안에서 고기를 너무 많이 먹은 것 같아 커피나 차, 코코아 한 잔과 바게트 한 조각으로 아침을 대신하곤 했다. 급하게 먹으면 입 안에 상처가 날 정도로 딱딱해 평소 바게트를 그다지 즐겨 먹지는 않았는데, 이번 탐사에서 맛이 들었다. 우리나라에는 파리바게트 집이 아주 흔하지만, 정작 파리에 갔을 때는 보지 못했다. 물론 여기저기서 바게트를 팔기는 했지만.

10시에 탁구 시합을 했다. 상대는 잠수정 운영요원인 패트릭. 가볍게 체조하고 5분 전 10시에 탁구장으로 갔다. 10분 동안의 탐색전에 이어 경기를 시작하였다. 3게임에 2세트를 먼저 이기면 된다. 1차전에서 지고 다른 경기나 편하게 구경하려는 마음으로 경기에 임했다. 그러나 결과는 1세트 21 대 16, 2세트 21 대 8로 2세트 모두 나의 완승이었다. 패트릭도 탁구를 잘 쳤지만, 오늘 내가 실수하지 않은 것이 승리 요인이었다. 이제 2차전에 진출하게 되었다. 2차전에서는 하인리히와 승부를 겨룬다. 땀을 많이 흘려 방에 돌아와 샤워하니 바로 점심시간이었다.

점심시간에는 어젯밤에 있었던 소위 '쇠구슬' 사건이 화제가 되었다. 이 사건으로 간밤에 여성 과학자들은 한 명만 빼고는 모두 잠을 설쳤다. 누군가 여자들 침대 안에다 쇠구슬을 하나씩 넣어 두었는데, 이것이 배가 흔들리면서 이리저리 구르면서 시끄러운 소리를 내었던 것이다. 누가 이런 장난을 했는지 설왕설래했지만 결국 이 사건은 미궁에 빠져 버렸다. 유일하게 침대 속에 구슬이 없었던 아닉이 괜히 한때 의심을 받았지만, 쉰 살이 훨씬 넘은 나이에 그런 장난을 할 리가 없다고 결론을 내렸다. 장난기가 심한 필립 사제도 용의자 명단에 올랐지만, 본인이 극구 부인하여 단서를 잡지는 못했다.

이 사건 이후 침대의 구조가 궁금해졌다. 방에 돌아와 처음으로 침대 매트리스를 들추어 보았다. 진동에 따른 소음을 막기 위해 고무판에 나무 막대기가 촘촘히 고정돼 있었다. 그리고 그 아래로는 10센티미터 정도의 공간이 있었다. 바로 이곳에 쇠구슬을 넣었던 것인데, 건전지를 넣어 실험해 보았더니 정말 구르면서 시끄러운 소리가 났다. 손이 간신히 들어갈 정도로 나무 막대기가 워낙 빽빽해 건전지를 다시 꺼내기가 여간 힘들지 않았다. 어젯밤에는 소리가 어디서 났는지 찾는 데만도 시간이 꽤 걸렸다고들 했는데, 아마도 그보다는 구슬 꺼내기가 더 힘들었으리라.

오후에는 크레이그가 심해생물다양성과 카플란 프로젝트에 대해 설명하는 세미나가 열렸다. 카플란 프로젝트는 미국, 영국, 프랑스, 일본이 공동으로 추진하는 심해생물다양성 연구과제다. 미국에서는 하와이대학교와 캘리포니아대학교 스크립스 해양연구소(SIO), 영국에서는 사우샘프턴 해양연구소(SOC)·남극연구소·자연사박물관, 프랑스에서는 국립해양개발연구소, 일본에서는 일본해양과학기술센터와 동경해양대학교가 참여하고 있다. 해양연구는 비용이 많이 들고, 다양한 분야의 전문가가 필요하기 때문에 국제공동과제로 추진하는 경우가 많다. 그래서 외국의 연구기관들은 서로 전문가를 교류하고 공동으로 연구도 한다. 심해저를 관장하는 국제해저기구에서는 우리나라도 심해 환경을 연구하는 국제공동프로젝트에 적극 참여해 줄 것을 권고하고 있다. 이번 탐사도 우리나라와 프랑스, 그리고 카플란 프로젝트에 참여하는 과학자들이 공동연구 차원에서 진행한 것이다. 내일 발표자는 나다.

갑판으로 일몰을 보러 나갔다가 선장을 만났다. 이제 곧 날짜변경선을 지나는데 언제 날짜가 바뀌느냐고 물었다. 6월 23일 수요일 오전 1시가 되면 6월 24일 0시로 바뀐다고 했다. 그러니까 나의 달력에는 6월 23일이 1시간밖에 없는 셈이다. 오늘 자고 일어나면 수요일이 아니라 하루를 건너뛴 목요일 아침이 되는 것이다. 지금은 한국보다 20시간이 더 늦지만 이제 날짜변경선을 지나면 한국보다 3시간이 더 빨라진다. 달력에서 하루가 없어지면 그만큼 집에 돌아갈 시간이 앞당겨지니까 나는 기쁘기만 했다. 배 안에서는 1시간을 또 뒤로 돌려 놓는다. 이틀 사이로 1시간씩 늦추고 날짜변경선을 넘어 하루까지 뛰어넘으니, 마치 타임머신을 타고 시간 여행이라도 하는 듯하다.

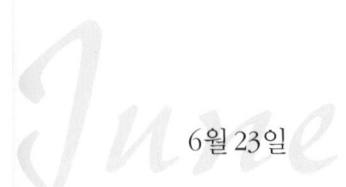

6월 23일

오늘은 한 일이 없다. 날짜변경선을 넘느라 내 달력에서 23일 수요일이 사라졌기 때문이다.

6월 24일

일어나니 6월 24일 새벽 4시 20분. 6월 22일 밤 12시경에 잠자리에 들었으니 약 5시간 30분 동안 잠잔 건데, 날짜로 보면 만 하루 이상을 침대 속에 있었던 셈이다. 오늘은 탁구대회 2차전도 있고 세미나에서 발표도 한 바쁜 날이었다.

아침에 배는 남위 12도 25분, 서경 179도 8분을 11.4노트로 지나고 있었다. 하늘은 맑은데 파도가 제법 높아 푸른 수면 위 여기저기에서 하얀 포말이 새치처럼 눈에 띄었다. 뱃머리에 부딪친 파도가 튀어 올라 내 방 창문을 들여다보았다.

10시에 하인리히와 탁구 시합을 했다. 탁구장에 가니 하인리히가 벌써 와서 연습하고 있었다. 내가 어제 사용했던 라켓을 찾았는데 보이지 않았다. 그 라켓이 상태가 좋고 내 손에도 잘 맞았었는데, 하인리히가 그 라켓을 가지고 있었다. 경기 결과는 15 대 21, 17 대 21로 나의 패배였다. 네트를 스칠 듯이 넘기는 스핀볼을 구사하는 하인리히는 확실히 나보다 한 수 위였다. 경기에 매달려 남은 여정을 스트레스 받으며 지내는 것보다는 지고 편하게 보내는 게 더 낫다고 생각했지만, 막상 지고 나니 아쉬운 여운이 남았다. 배에서 오래 생활한 선원들의 탁구 실력은 보통이 아니었다. 탁구 시합에는 서른 명이 참가했는데, 내일 준결승을 치른다.

11시에 마지막 아페리티프 미팅을 가졌다. 모두들 아쉬워하면서도 이제 곧 육지에 도착한다는 생각에 설레는 표정이었다. 아페리티프 미팅에서는 농담도 오가지만 중요한 정보도 들을 수 있다. 각자의 연구 분야와 그 분야의 최근

동향 등을 알 수 있고, 외국 문화와 언어도 배울 수 있다. 정오 무렵에 경도 180도를 통과하였다. 이제 서경이 아니라 동경을 사용하게 된다.

4시 30분, 세미나에서 발표를 하였다. 한국해양연구원을 소개하고 우리나라가 2003년에 북동태평양에서 탐사한 내용에 대해 이야기하였다. 우리나라는 작년(2003년) 7월 3일부터 8월 1일까지 30일간에 걸쳐 심해 환경을 연구하였다. 우리가 사용했던 장비와 탐사 결과에 대해 사람들은 이것저것 질문했고, 우리 연구원과 공동으로 연구하고 연구원들도 교류하기를 바랐다. 세미나가 끝난 후에 갑판으로 나가 석양을 배경으로 단체 사진을 찍었다.

게시판에는 더는 전화를 사용할 수 없고 물품을 판매하지 않으며 토요일 오전까지 구매한 물품 값과 전화료를 내 달라는 공고, 누벨칼레도니에 낼 세관 신고서를 작성하라는 안내문, 보고서를 빨리 제출하라는 독촉문 등 이제 하선할 때가 얼마 안 남았음을 알리는 각종 게시물들이 붙어 있었다.

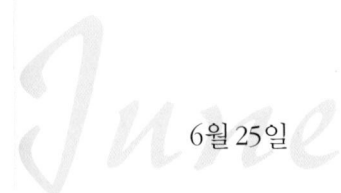

6월 25일

어젯밤에 피지의 북쪽을 통과하였다. 섬이 배와 너무 멀리 떨어져 있어 볼 수 있는 거리는 아니었다. 아침에 아탈랑트는 남위 15도 32분, 동경 176도 38분을 통과하였다. 기온은 섭씨 26.7도, 수온은 섭씨 27.0도.

〈동아일보〉에 실린 기사를 보고 어머니와 아내, 딸과 아들이 이메일을 보냈다. 인터뷰를 요청하는 〈주간조선〉 이석우 기자의 이메일도 와 있었다. 전

세미나가 끝난 후 한 컷. 탐사 막바지와 일행들 얼굴에는 아쉬움과 설렘이 교차했다. (윗줄 왼쪽부터)크레이그(Craig Smith), 조엘 갈레롱(Joelle Galeron), 올드 알렉시(Alexis Khripounoff), 마리온(Marion Le Batard), 가브리엘라(Gabriella Malzone), 아닉(Annick Vangriesheim), 마리 (Marie-Claire Fabri), 필립 크라수(Philippe Crassous), 줄리(Julie Veillette), 아드리안(Adrian Glover). (아랫줄 왼쪽부터)조엘(Joel Etoubleau), 니콜(Nicole Devauchelle), 장 클라우드(Jean-Claude Caprais), 필립(Philippe Noel), 페드로(Pedro Martinez), 필립 사제(Philippe Saget), 필자, 르네이크(Lenaik Menot), 영 알렉시(Alexis Fifis), 마사시(Masashi Tsuchiya).

마지막 파티. 이제 슬슬 '땅멀미'를 걱정해야 한다.

화로 인터뷰하자는데 전화료가 원체 비싸고 마침 하선할 때라 전화도 사용할
수 없기에 이메일로 하였다.

　이제 내일과 모레, 이틀만 지나면 선상생활이 끝나고 드디어 월요일에는 하
선한다. 마지막으로 사진 찍어 달라는 사람들이 많았다. 원고를 쓰고 있는데
가브리엘라가 방으로 찾아와 사진을 찍어 달라고 부탁하였다. 이탈리아 사람
들이 유럽 사람들 중에서 가장 사교적이고 활발하다더니 정말 그렇다. 지난번

에 찍어 준 사진이 영화배우처럼 나왔다고 뿌듯해 했는데, 가브리엘라는 사진 찍히기를 무척이나 좋아하는 눈치다. 노트북을 가져오지 않아서 시디(CD)에 다 사진을 담아 갈 거라고 했다.

이번 탐사를 평가하는 세미나가 끝난 후 갑판에서 탐사책임자인 조엘 갈레롱 박사가 주관하는 칵테일파티가 있었다. 탐사 기간 중 열리는 마지막 파티였다. 크레이그는 7월 말에 온누리가 호놀룰루항에 정박하면 구경해도 되겠느냐면서, 탐사 나가기 전에 자기 집에 초대하겠다고 했다. 그리고 자기도 30일에 누벨칼레도니에서 뉴질랜드 오클랜드로 간다며, 그곳에서 같이 저녁을 먹자고 했다. 오클랜드에서는 혼자 있어야 했는데, 마침 말동무가 생겨서 잘되었다.

내년(2005년)에 온누리를 타게 될 필립 크라수가 걱정되는지 외국인은 자기 혼자냐, 한국말만 쓰느냐, 선실은 몇 명이 같이 쓰느냐는 등 온누리의 선상생활에 대해 자세히 물어보았다. 같이 갈 한국 과학자들 중에서 외국에서 공부한 사람들이 있어 영어를 쓰는 데 불편하지 않을 거라고 안심시켰다. 그런데도 필립 크라수는 이 참에 한국말을 배우겠다면서 "감사합니다.", "안녕하세요?" 등을 열심히 연습하였다.

6월 26일

2시 15분에 잠에서 깨어났다. 경보음이 울렸기 때문이다. 사람들도 다 자는 것

어디선가 날아온 육지새. 육지가 가까움을 알리는 신호일까.

같고, 별다른 일이 일어나지 않은 것 같아 다시 자리에 누웠다. 배가 많이 흔들렸다. 배가 한쪽으로 쏠릴 때마다 경고음이 계속 났다. 거의 1시간 동안 경고음이 간헐적으로 들려 잠이 오지 않았다. 당직 선원이 장난하는 것 아닌가 하는 의심이 들기도 하였다. 그동안 장난하기 좋아하는 선원들이 몇 차례 해프닝을 벌인 일이 있었기 때문이다.

동틀 무렵 배는 남위 18도 51분, 동경 172도 3분을 지나고 있었다. 적도에서 남쪽으로 많이 내려오면서 기온과 수온이 점점 낮아졌다. 기온은 섭씨 24.8도, 수온은 섭씨 25.6도.

브리지에 올라가서 배에서 샀던 술과 음료수 값을 지불하였다. 이등항해사 마크에게 항로를 물어봤더니 해 질 무렵 바누아투의 아나톰 섬을 지나게 되는데, 운이 좋으면 볼 수 있을 거라고 했다. 마크가 좋은 선물이 있다며 브리지 옆으로 데려갔다. 처음 보는 새가 호스를 말아 놓은 곳에 다소곳이 앉아 있었다. 부리는 새빨갛고 깃털이 눈같이 하얀 아주 예쁜 새였다. 크기는 30센티미터 정도로 제법 컸다. 생긴 모습이 바닷새는 아니고 육지에 사는 새인데 아마 너무 멀리 나왔다가 지쳐서 날개를 쉬는 것 같았다. 보이지는 않지만 주변에 섬들이 많으니 그곳에서 날아왔을 것이다. 새가 깔고 앉은, 말아 놓은 호스는 꼭 둥지 같았다. 날개를 쉬기에는 정말 명당 자리였다. 사진을 찍으려고 가까이 다가가도 새는 눈치만 볼 뿐 날아갈 생각을 안 했다. 사진을 몇 장 찍고는 불안해 할까 봐 자리를 비켜 주었다.

오후 4시 30분, 세미나에서 크레이그가 심해에 가라앉은 고래 사체의 생태학에 대해 발표하였다. 심해에서는 먹이가 부족하기 때문에 죽은 큰 고래 한

마리가 가라앉으면 잔치가 벌어진다. 고래 사체에 2백여 종에 달하는 심해생물들이 모여들어 생물다양성이 높은 생태계가 만들어진다. 처음에는 사체를 뜯어 먹는 심해상어나 먹장어 종류가 모여들고, 시간이 가면서 갯지렁이를 비롯한 다양한 생물들이 몰려든다. 보통 큰 고래 사체는 1년 반 정도 지나면 살점은 다 없어지고 뼈만 남는다. 그후엔 박테리아들이 뼈에 달라붙는다. 이 박테리아들은 아주 낮은 온도에서도 뼈에 들어 있는 지방 성분을 잘 분해하는 효소를 가지고 있다. 그래서 과학자들은 이들에게서 지방분해효소를 추출하여, 찬물에서도 기름기가 잘 빠지는 비누를 만들려고 연구하고 있다. 이번 탐사의 마지막 세미나였는데 내용이 재미있었다.

내일 저녁 7시경이면 누벨칼레도니의 누메아에 도착한다. 그리고 28일 월요일 아침에 하선한다. 꼭 6주 만에 다시 땅을 밟는 것이다. 오랫동안 배에서 생활하다 육지를 밟으면 땅이 흔들리는 것처럼 느껴진다. 이런 '땅멀미'는 보통 사나흘이 지나야 없어진다. 자동차를 타거나 움직일 때는 멀미가 심하지 않은데 자려고 침대에 누우면 침대가 마치 배처럼 이리저리 흔들리는 것 같다.

조엘 갈레롱이 방으로 찾아와 이번 탐사에서 찍은 사진을 사용하려면, 자기에게 미리 허락을 받으라고 했다. 특히 노틸에서 찍은 사진에는 프랑스 국립해양개발연구소의 로고를 넣고 노틸에서 찍은 것이라고 명시해 달라고 하였다. 그것이 자기 연구소의 방침이란다. 조엘 갈레롱은 승선했던 모든 과학자들한테 이런 내용의 서약서를 받은 바 있는데 다시 한번 확인하는 것이다.

오늘 자정에 다시 1시간을 늦춘다. 이제 한국보다는 2시간이 빠른 셈이다. 몇몇 사람들이 날짜변경선을 넘었으니, 1시간 늦추는 것이 아니라 앞당긴다고 하여 잠시 혼란스러웠다. 그런데 다시 곰곰이 생각해 보니 역시 늦추는 것이 맞다. 계속 서쪽으로 이동하기 때문에 해 지는 시간과 해 뜨는 시간이 계속 늦어지니 그렇다. 흔들리는 배에서 자는 것은 오늘이 마지막이다. 내일은 누메아 항구에 정박하여 배 안에서 잔다.

6월 27일 *June*

새벽 4시 38분에 일어났다. 혹시 섬이 보일까 해서 갑판으로 나갔는데 칠흑의 하늘에서는 가랑비만 내리고 있었다. 니콜이 자신도 섬을 보려고 일찍 일어났다며 브리지에 올라가자고 하였다. 레이더를 보니 긴 섬이 배의 우측에 누워 있었다. 누벨칼레도니에 속하는 이 섬은 마레 섬으로 길이가 25~40킬로미터나 되는 꽤 큰 섬이다. 일등항해사가 섬은 크지만 주민은 1천 명이 채 안 된다고 설명해 주었다. 5시 30분경 시야에 불빛 하나가 잡혔다. 곧이어 불빛 두 개가 더 보였다. 동녘이 밝아 오면서 희미하게 섬이 윤곽을 드러내기 시작했다. 고도가 높지 않은 아주 평탄한 섬이었다. 6주 만에 보는 육지다운 육지였다. 어제 저녁에 나는 방에 있어서 아나톰 섬을 보지 못했는데, 본 사람들이 섬이 작게 보이는 데다가 섬 정상에 구름이 잔뜩 끼어 자세히 볼 수 없었다고 이야기했다.

망원경으로 마레 섬을 살펴보니 정상말고는 나무가 그다지 많지 않고 집들도 거의 보이지 않았다. 일등항해사는 아직 자고 있는 사람들도 일어나서 섬

서서히 모습을 드러내는 누벨칼레도니. 벌써부터 육지 냄새가 느껴진다.

을 구경할 수 있도록 일부러 배를 천천히 움직였다. 다시 갑판으로 나갔다. 배에 앉아 있던 하얀 새가 후닥닥 섬 쪽으로 날아가기 시작했다. 섬에서 육지 냄새가 전해 오는 듯했다. 수평선을 잔뜩 누르고 있던 구름을 뚫고 떠오른 해가 섬 위를 뒤덮은 새털구름을 붉게 물들였다.

배는 이제 남쪽으로 많이 내려와서 7시경에 남위 21도 48분, 동경 167도 52분을 지나고 있었다. 기온과 수온은 모두 섭씨 24.2도로 점점 내려가고 있었다. 프랑스 과학자들이 한글로 자기네 명함을 만들어 달라고 하여, 오전에는 본의 아니게 명함 만들어 주는 가게를 차렸다. 나중에 한국을 방문할 때 그 명함을 사용하겠다고 했다. 두꺼운 종이에 인쇄하였더니 어디에 내놓아도 손색이 없어 보였다.

점심에는 전채로 새우와 개구리 요리가 나왔다. 어렸을 때 개구리 뒷다리 말린 것을 고아서 보약으로 먹은 이후 개구리를 먹어 보기는 처음이었다. 개구리요리는 개구리 뒷다리를 소스에 버무려서 만든 건데, 닭고기 맛이 났다. 대부분 개구리고기를 처음 먹어 보는 듯 이 테이블 저 테이블이 개구리에 대한 이야기로 왁자지껄했다. 뒷다리가 꼭 사람 하체처럼 보인다고 크레이그가 엽기적인 이야기를 했다. 정말 그렇게 보여 먹기가 좀 그랬다. 영국 사람들은 프랑스 사람들을 '개구리 먹는 사람'이라고 비하하기도 한다.

그동안 사 두고 안 마셨던 코냑 두 병이 남아서 점심식사가 끝난 뒤 다이제스티브 미팅(술 한잔하며 가벼운 이야기를 주고받는 모임)을 주선하였다. 사실 이런 미팅은 없지만 프랑스 사람들은 식사 후 소화가 잘 되도록 코냑을 즐겨 마신다. 코냑을 처분할 겸해서 제안한 모임인데 의외로 반응이 무척 좋았다. 다들 영화를 보던 방에 모여 홀가분한 마음으로 즐거운 시간을 보냈다. 그 자리에서, 프랑스에서 레미 마르텡 코냑을 만들지만 프랑스 사람들도 평소에는 비싸서 그 술을 잘 마시지 않는다는 사실을 알았다. 사실 코냑이 XO급도 아닌 가격이 싼 VSOP급이었는데도 말이다. 어느 정도 분위기가 살아나자 각국의 음주 문화에 대해서 이야기꽃을 피웠다. 그 자리에 있는 사람들한테 나는 한국말도 많이 가르쳐 주었다.

사람 사는 곳은 다 비슷해서 어디서나 사람과 사람 사이의 친분 관계로 많은 중요한 일들이 성사된다. 다이제스티브 미팅은 큰 이해관계가 걸려 있지 않아 부담 없이 사람들을 사귈 수 있는 좋은 기회다. 건배할 때 외국 사람들이 한국말로 "위하여!"를 외치게 만드는 것도 우리나라를 알리는 한 방편이리라.

한참 왁자지껄 떠들고 있는데, 누가 누벨칼레도니가 아주 가깝게 보인다고 알려 주었다. 모두들 허겁지겁 자리를 정리하고 갑판으로 나갔다. 구름이 잔뜩 끼고 비가 가끔 뿌리는 날씨지만 누벨칼레도니가 바로 코앞에 아주 잘 보였다. 누메아에는 예정보다 조금 이른 오후 5시경에 도착하였다.

선원 중에 누벨칼레도니 출신이 네 명 있는데 그들의 가족들이 항구로 마중 나와 있었다. 선원들과 가족들은 서로 포옹했고, 나머지 사람들은 크게 박수를 쳐 주었다. 그 장면을 보니 가족 생각에 괜스레 눈시울이 붉어졌다.

이민국 직원이 승선하여 입국 수속을 마치고 여권도 나눠 주었다. 그런데 내 여권에 입국 스탬프가 찍혀 있지 않았다. 다른 사람들도 마찬가지였다. 그 이유를 선장에게 물어보았더니 자기도 잘 모르겠단다.

6시경, 땅에 첫발을 내디뎠다. 비가 부슬부슬 내리는 음산한 날씨였다. 그런

마중 나온 선원 가족들. 그들을 보자 가족들이 사무치게 그리웠다.

데 다들 눈 오는 날 강아지처럼 이리저리 뛰면서 좋아했다. 나도 긴팔 방수복
을 입고 크레이그, 페드로, 아드리안, 마사시와 함께 주변 지리도 익힐 겸해서
항구 주변을 돌아다녔다. 누메아 중심가는 행인들도 드물고 상점들도 모두 문
이 닫혀 적막하였다. 시내 한가운데 있는 공원의 가로등 불빛만이 빗속에 한
가로울 뿐 사람 사는 곳 같지가 않았다. 시내 간판은 모두 프랑스어로 쓰여 있
었고, 일본어 안내판도 있었다. 이곳에 일본인 관광객들이 많이 오는 모양이
다. 가게가 거의 다 닫혔는데, 중국인이 하는 가게인지 한자어로 '식품'이라고
쓰여 있는 가게만이 열려 있었다. 세계 어디를 가든지 우리나라를 포함한 동

양 사람들이 가장 일을 열심히 한다는 사실은 알아 줘야 한다. 뉴욕에 24시간 문을 여는 가게가 생겨 뉴요커들의 일상생활 패턴이 바뀐 것도 이민 간 우리 교포들 덕이다.

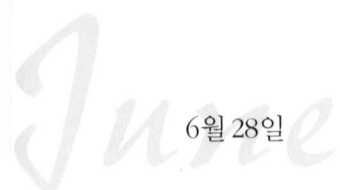

6월 28일

혹시 날씨가 좋아지지 않을까 기대했었는데 비가 더 많이 왔다. 아직 캄캄한 새벽, 창밖을 내다보니 가로등 불빛 속에 야자수가 미친 듯 흔들리고, 비는 아스팔트 바닥에 뱀이 기어간 듯한 자국을 그려 놓았다. 빗줄기가 줄을 서서 계속 배 쪽으로 밀려왔다. 빗방울이 여간 굵은 것이 아니었다. 열대의 스콜처럼 한차례 휩쓸고 지나갈 듯한 비가 아니었다. 날씨가 좋으면 아침에 모처럼 조깅하려고 했었는데, 그냥 배 안에 갇혀 있어야 할 것 같다.

MBC 라디오 시사프로그램 「변창립의 세상 속으로」 김신욱 작가가 전화로 인터뷰했으면 좋겠다는 이메일을 보내왔다. 하선한 후 묵을 호텔 전화번호를 이메일로 보내 주었다.

아침 일찍부터 탐사 장비의 하선 작업이 시작되었다. 그동안 탐사에 사용되었던 장비를 컨테이너에 실어 배에서 내렸다. 또 다른 탐사가 계획되어 있기 때문에 이번 탐사에 사용되었던 노틸 운영 장비와 그동안 채집했던 모든 샘플들을 화물선에 실어 프랑스로 보낸다고 했다. 비가 억수같이 계속 쏟아지는데 모두들 우비를 입고 바쁘게 짐을 정리하였다. 오후 3시경이 돼서야 어느 정도

42일간의 여정을 마친 아탈랑트. 여독을 푸느라 오랜만에 긴 단잠에 빠져 있다.

짐 정리가 마무리되었다.

택시를 불러 호텔로 갔다. 호텔 로비에 타히티 원주민을 그린 고갱풍의 그림이 여기저기 걸려 있어 남태평양 나라 분위기가 물씬 풍겼다. 호텔 투숙객에게는 공항리무진을 할인해 준다고 하여 모레 것을 예약하였다. 방에 짐을 풀고는 근처 슈퍼마켓에 가서 잔돈도 바꿀 겸해서 물과 간식을 사 가지고 왔다. 프런트에서 방 열쇠를 달라고 하니 서울 MBC에서 전화가 왔었다는 메시지를 전해 주었다.

호텔방에는 커다란 욕조가 있었다. 한 달여 동안의 묵은 때를 벗기기로 작정하고 욕조에 뜨거운 물을 받았다. 그동안 배에서는 샤워만 했기 때문에 뜨거운 물에 몸을 담글 수 없어 아쉬웠다. 나는 뜨거운 목욕물에 들어가 책 보는 것을 좋아한다. 그것만큼 피로를 푸는 좋은 방법이 없다. 내일은 하루 쉬니 어디를 구경하는 것이 좋을지 욕조에서 누메아 안내서를 섭렵하였다.

탕 속에 있는데 전화벨이 울렸다. 물이 뚝뚝 떨어지는 몸을 수건으로 대강 닦고 전화를 받았다. 공항리무진이 예약되었으니 모레 아침 6시 55분 로비에서 기다리면 된다는 프런트의 전화였다. 욕조에 들어가자마자 또 전화가 왔다. 이번엔 MBC인데 오늘 저녁 6시경에 전화로 인터뷰해도 괜찮겠느냐는 거였다. 욕조에 들어가자마자 또 전화가 왔다. 여권에 입국 스탬프가 찍혀 있지 않아 출국할 때 문제가 되니 여권을 가지고 프런트로 내려오라는 전갈이었다. 오랜만에 목욕 좀 하려 했더니…….

다른 일행들도 모두 여권을 들고 로비로 내려와 있었다. 출국하기 전에 미리 발견해서 다행이었지, 아니면 공항에서 낭패를 볼 뻔했다. 예정대로 6시경

이탈리아 레스토랑에서 연주하는 호주 출신 악사들. 이번 탐사에서 각국의 과학자들이 하나로 어우러졌듯이 이제 국경은 무의미한지 모르겠다.

MBC에서 전화가 왔다. 심해유인잠수정을 타고 태평양 심해저 5천 미터까지 내려갔다 온 무용담을 들려주었다. 목욕탕을 들락날락거려서인지 에어컨을 틀어서인지 한기가 느껴졌다.

인터뷰가 끝나자 페드로가 같이 저녁 먹으러 가자고 전화를 했다. 어디로 갈까 하다가 호텔 근처에 있는 이탈리아 레스토랑으로 갔다. 저녁은 크레이그, 아드리안, 마사시, 페드로, 가브리엘라, 필립, 이봉과 함께했다. 이탈리아 레스토랑답게 벽면에 베네치아를 그린 커다란 그림이 있었다. 저녁을 먹고 있으려니 멕시코인 복장을 한 악사 네 명이 그림 앞의 무대에서 스페인어로 노래를 부르는 것이 아닌가. 노래 중에는 「베사메무초」나 「라쿠카라차」 같은 귀에 익은 것이 많았다. 주인에게 물어보니 악사는 오스트레일리아에서 왔단다. 프랑스령 누벨칼레도니에 있는 이탈리아 레스토랑에서 오스트레일리아에서 온 악사가 멕시코인 복장을 하고 스페인어로 노래를 부르고 있는, 다국적 문화가 하나로 어우러진 현장에 있게 된 것이다. 한국 · 미국 · 영국 · 프랑스 · 독일 · 일본 등지에서 온 우리들이 친구가 된 것처럼.

저녁을 먹고 나서는 재즈 바에 갔다. 의사 다니엘이 친구가 운영하는 재즈 바에서 콘서트가 있다고 초대했기 때문이었다. 다니엘은 재즈 바에서 키보드를 연주하면서 노래를 불렀는데, 솜씨가 보통이 아니었다. 또 여자 가수가 감칠맛 나게 재즈를 불러 육지에서 첫밤은 감미로웠다. 눈꺼풀이 내려와 더는 앉아 있기 힘들 때까지 있다가 먼저 자리에서 일어섰다. 끈질기게 내리던 빗줄기가 많이 가늘어졌다. 자정이 넘어 호텔로 돌아와 죽은 듯이 잠을 잤다.

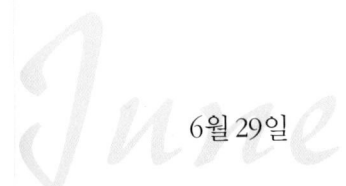

6월 29일

다시 누벨칼레도니에 올 기회가 있을까, 이번에 못하면 누메아를 언제 다시 구경할까 싶어, 날씨가 궂으면 어쩌나 은근히 걱정하던 터였다. 두꺼운 커튼을 열어젖히니 모처럼 파란 하늘이 보였다. 하늘이 도왔다. 그동안 태평양에 있는 여러 섬들을 가 보았지만 누벨칼레도니처럼 멜라네시아에 속하는 섬은 이번이 처음이다.

지도를 펴 놓고 태평양을 살펴보면 점점이 떠 있는 많은 섬들을 볼 수 있다. 이 섬들은 크게 멜라네시아, 마이크로네시아, 폴리네시아 세 구역으로 나뉜다. 멜라네시아는 '검은 섬들'이란 뜻이며, 대략 서경 180도에서 동쪽에 있는 폴리네시아와 구분되고, 적도 부근에서 북쪽에 있는 마이크로네시아와 구분된다. 오스트레일리아 북쪽에 있는 파푸아뉴기니, 비스마르크 제도, 솔로몬 제도, 뉴헤브리디스 제도, 누벨칼레도니, 피지 제도 등이 멜라네시아에 포함된다. 영국, 프랑스 등은 멜라네시아에서 경쟁적으로 식민지를 만들었는데, 1970년대에 들어와 피지, 파푸아뉴기니, 솔로몬 제도 등은 독립하였다.

마이크로네시아는 말 그대로 '작은 섬들'이라는 뜻이며, 서태평양의 적도 북쪽에 흩어져 있는 많은 섬들을 가리킨다. 마이크로네시아는 지리적으로 캐롤라인 제도, 마셜 제도, 마리아나 제도를 포함한다. 캐롤라인 제도에는 야프, 추크, 포나페, 코스라에 섬들로 이루어진 마이크로네시아연방공화국과 팔라우공화국이 있다. 추크 섬에는 한국해양연구원의 '한 · 남태평양해양연구센터'가 있어 해양 조사를 하러 그곳에 자주 출장을 간다.

1천 개의 조그만 섬들로 이루어진 마셜 제도는 1986년 독립하여 마셜제도공화국이 되었다. 마리아나 제도는 미국령인 괌 섬을 포함하여 15개의 섬으로 이루어졌다. 괌 섬을 제외한 다른 섬들은 1978년 북마리아나제도연방으로 독립하였다. 길버트 제도는 섬 16개로 이루어져 있는데, 이 지역은 폴리네시아에 속하는 피닉스, 라인 제도 등과 함께 1979년 키리바시공화국으로 독립하였다. 한편 적도 남쪽에는 면적이 아주 작은 섬나라 나우루가 있다.

폴리네시아는 '많은 섬들'이란 뜻이며, 태평양 한가운데 있는 하와이 제도와 뉴질랜드, 그리고 이스터 섬을 연결하는 대체로 삼각형 모양의 지역을 가리킨다. 폴리네시아에 있는 섬들은 대부분 강대국들에 속해 있다. 미국은 하와이 제도와 사모아, 미드웨이 섬을, 프랑스는 마르키즈와 소시에테 섬을, 영국은 피트케언 섬을, 뉴질랜드는 토켈라우 제도를, 칠레는 이스터 섬을 각각 소유하고 있다.

아침 일찍 바닷가로 산책을 나갔다. 비가 온 뒤라서인지 산책로는 더욱 깨끗하였다. 조깅하는 사람들이 눈에 많이 띄었다. 산책로에 있는 수족관을 구경하였다. 수족관은 출장 가서 시간이 남으면 꼭 들러 보는 곳이다. 누벨칼레도니 수족관은 작은 규모지만, 전시 내용이 아주 충실하였다. 바다가재가 점잖게 바닥을 기어다니고, 주황색 바탕에 흰 무늬가 있는 흰동가리는 말미잘과 숨바꼭질을 하고, 머리에 혹이 달린 나폴레옹피시는 심술 난 듯한 표정으로 유리 밖을 보고, 노란색 나비고기는 지느러미를 팔랑거리며 아름다운 자태를 뽐내고, 앵무조개는 커다란 눈으로 나를 응시하였다. 특히 암실 속에 전시된 빛을 내는 산호가 인상적이었다. 가끔 일본인 단체 관광객들이 몰려와서 수족관이 붐빌 때도 있었지만 주마간산으로 둘러보고 금세 나가서 수족관은 곧 한산해지곤 했다. 해양생물 사진도 찍고 설명문도 읽으면서 거의 반나절을 그곳에서 보냈다. 수족관 옆에는 수족관을 새로 크게 짓는 공사가 한창이었다.

저녁에는 과학자들끼리 모여 석별의 정을 나누었다. 어디로 갈까 망설이기에 낮에 보아 둔 호텔 근처에 있는 중국 음식점으로 가자고 했다. 겨울이라 그런지 바람이 강하게 불어서 낮에는 더웠는데 밤이 되니 제법 쌀쌀했다. 그런데 가는 날이 장날이라고 일본인 관광객들이 몰려들어 1시간 이상을 기다려야 했다. 기다릴까 하다가 프랑스식 해산물요리 전문점으로 발길을 돌렸다. 포도주와 각자 취향대로 해산물요리를 주문하였다. 포도주는 크레이그가 선택하였다. 양식 식당에 가면 흔히 주문한 사람이 포도주를 맛본 후 좋다고 해야 잔에 따라 준다. 크레이그에게 맛을 보고 나서 혹시 주문을 취소한 적도 있느냐고 물었더니 웃기만 했다. 여태까지 취소하는 것을 본 적이 없었기 때문이다.

프랑스에는 포도주 맛을 감별하는 소믈리에라는 직업인이 있다. 이들은 포도주의 미세한 맛까지 구별할 정도로 혀가 예민하다. 내가 알고 있는 소믈리에에 얽힌 일화 하나. 세 명의 소믈리에가 포도주를 맛보고 있었는데, 포도주에 이물질이 섞여 맛이 조금 이상하였다. 한 명은 동물성, 또 다른 한 명은 식물성, 나머지 한 명은 금속성 이물질이 들어 있다고 각자 주장하였다. 나중에 포도주통에서 나온 것은 세 성분을 모두 포함한 나무 팻말에 가죽끈으로 묶인 열쇠였다.

6월 30일 June

공항 가는 리무진은 몇 군데 더 정차하여 사람을 태웠다. 그런데 한곳에서 15분이 넘었는데도 갈 생각을 안 하였다. 운전기사가 휴대폰으로 누군가에게 전화한 후 조금 있다가 한 남자가 짐을 들고 나타났다. 그 사람은 미안하다는 말

누메아 라 통투타 국제공항 곳곳에 붙어 있던 해양생물 포스터들.

도 없이 버스에 올라탔다. 여유가 있어 좋은 건지, 예의가 없어 나쁜 건지. 공항으로 가는 고속도로변은 경치가 무척 아름다웠다.

공항은 크지 않고 공항 직원들도 불친절했지만, 공항 여기저기에 누벨칼레도니에서 서식하는 고래 · 물고기 · 거북 · 상어 · 바다가재 · 조개 종류를 그려 놓은 포스터가 붙어 있는 것이 무척 인상적이었다.

뉴질랜드항공을 타고 누메아에서 뉴질랜드 오클랜드로 갔다. 누벨칼레도니에서는 한국으로 가는 직항편이 없기 때문이다. 나한테는 뉴질랜드항공에 얽힌 각별한 추억이 있다. 1994년도인가 오스트레일리아로 출장을 다녀올 때였다. 비행기가 오스트레일리아 북동부 해역을 막 지날 무렵 비행기 창 아래로 환상적인 산호초가 내려다보였다. 산호초를 찍고 싶어 스튜어디스한테 사진 찍을 만한 좋은 곳이 없겠냐고 부탁했다. 잠시 어디를 다녀온 스튜어디스가 따라 오라고 했다. 내가 간 곳은 조종석이었다. 조종석의 커다란 창을 통해 산호초 사진을 찍을 수 있었다. 9 · 11 사건 이후로 이런 일은 꿈도 꾸지 못하게 되었지만.

오클랜드에 도착한 후 호텔까지는 택시를 탔다. 대중교통을 이용할까 하다가 그동안 피로도 쌓였고 하여 사치를 부린 것이다. 호텔까지 조용히 가려고 했으나 수다스러운 택시운전사가 자꾸 말을 걸어왔다. 처음에는 귀찮았으나 바닷속 이야기가 나오자 내가 오히려 더 신나서 떠들어 댔다. 운전사는 깊은 곳에도 생물이 사느냐, 깊이 들어가는 게 위험하지 않느냐 등등 많은 질문을 했다. 1시간이 어떻게 지나갔는지 모르게 호텔까지 왔다. 1시간여 동안 해양 생물학 강의를 한 셈이다.

호텔에 여장을 풀고 산책을 갔다왔다. 도심 한가운데에 있는 호텔에 머물기를 참 잘했다. 지도를 보니 웬만한 곳은 다 걸어서 갈 수 있는 거리에 있었다. 그렇지만 찬바람이 불고 빗방울이 날려 멀리는 못 가고 호텔 주변만 한 바퀴 돌았다. 욕실이 마음에 들었다. 뜨거운 물에 몸을 담그고 오클랜드 시내 지도를 보며 지리를 익혔다.

크레이그가 로비에 와 있다고 방으로 전화를 했다. 저녁 먹기에는 좀 이른 것 같아 근처 술집에서 맥주를 한 잔씩 했다. 맥주 전문점이라 종류가 엄청 많았다. 나는 쓴 맛을 좋아하기 때문에 기네스 맥주를 주문했다. 넓은 홀은 빈자리 없이 사람들로 꽉 차 있었는데, 근처에 대학이 있어서인지 젊은이들이 많았다. 그중에 아주 앳된 학생들도 있었다. 서양에서는 나이가 어려 보이면 술집에 들어갈 때나 술을 살 때 신분증을 보여 주어야 하는 것이 일반적이다. 유학 갔을 때 나도 신분증을 보여 주고 술을 마신 적이 몇 번 있었다. 슈퍼마켓에서 맥주를 살 땐 아버지 심부름이냐는 우스갯소리도 들었다. 그러면 기분이 나쁘면서도 한편으로는 어려 보이나 싶어 기분이 좋기도 하였다. 그런데 언제부터인가 신분증 보여 달라는 사람이 없다. 좋아해야 할지, 슬퍼해야 할지.

크레이그가 인도 음식을 좋아한다고 하여 카레요리를 먹으러 갔다. 마침 관광안내서에서 본 '타고르'라는 유명한 인도 레스토랑이 기억났다. 인도의 시성 타고르가 아니었다면 식당 이름을 기억 못했을 것이다. 식당 주인은 인도 사람이었다. 카레요리는 아주 매운맛, 매운맛, 덜 매운맛으로 구분되어 있었다. 나는 매콤한 요리를 좋아하여, 아주 매운맛으로 주문하였다. 알라딘의 요술램프처럼 생긴 그릇에 요리가 담겨 나왔다. 모처럼 인도인 요리사가 만든 원조 카레요리의 매콤한 맛을 눈물 나도록 즐겼다. 최근 영국 과학자들이 연구한 결과에 따르면 카레에 항암 효능이 있다고 하니 일석이조.

7월 1일

남반구에 있는 오클랜드는 겨울이다. 아침에 일어나니 호텔 창문에서 윙윙거리는 겨울바람 소리가 들렸다. 그래도 기온은 섭씨 15도 정도니 우리나라 가을 날씨 정도다. 비행기 탑승 시간이 저녁이라 공항에 나갈 때까지 시간이 조금 남았다. 체크아웃을 하고, 공항셔틀버스를 예약하고, 짐을 프런트에 맡겨 놓았다. 그런 후 어디를 구경할지 계획을 세웠다. 수족관은 호텔에서 좀 멀어 관람을 포기하고 대신 스카이타워와 해양박물관을 방문하기로 했다.

스카이타워는 호텔에서 2~3분 거리에 있었다. 고속엘리베이터를 타고 전망대에 올라가니, 세계에서 가장 높은 타워 13개를 순서대로 소개해 놓은 자료가 있었다. 그런데 이상하게도 거기에 미국 뉴욕에 있는 엠파이어스테이트빌딩이 포함되어 있었다. 이 빌딩보다 높은 건물도 여럿 있는데 말이다. 그 빌딩 꼭대기에 있는 텔레비전 송신용 탑까지 잰 건 아닌지 모르겠다. 캐나다 토

오금이 붙는 스카이타워의 유리 바닥(위)과
번지점프시설(아래).

론토에 있는 CN타워가 높이 553미터로 가장 높았고, 13개 중에는 236미터인 서울타워도 있어 자랑스러웠다. 일본 도쿄에 있는 333미터인 도쿄타워, 뉴질랜드 오클랜드에 있는 328미터의 스카이타워, 프랑스 파리에 있는 320미터의 에펠탑, 오스트레일리아 시드니에 있는 304미터의 AMP타워 등은 올라가 보았던 것들이라 반가웠다.

스카이타워는 이제껏 올라가 본 타워에 비해 색다른 점이 있었다. 전망대에 있는데 무엇이 떨어지는 것 같아 깜짝 놀라 창밖을 내다보니 사람이 줄에 매달려 있었다. 번지점프하듯이 줄에 매달려 전망대에서 아래로 떨어지는 오락 시설이 있었던 것이다. 전망대에 있는 사람들한테 구경거리를 제공하느라고 줄에 매달린 사람이 전망대 앞에서 잠시 동안 정지해 있었다. 쳐다만 보아도 오금이 저렸다. 또 스카이타워는 군데군데 바닥이 두꺼운 유리로 되어 있어 밑이 훤히 내려다보였다. 그래서 많은 사람들은 발로 한 번씩 톡톡 친 후 그 위에 올라섰다. 대전 엑스포 때 만들어진 한빛탑도 바닥이 이것과 비슷했던 걸로 기억한다.

타워에서 내려오니 잔뜩 구름이 끼었던 하늘이 파랬다. 스카이타워에서 나와 언덕길을 따라 내려가면 항구가 나오고, 바닷가 끝자락에 해양박물관이 자리잡고 있었다. 시간이 넉넉해 다리가 아플 정도로 박물관을 구석구석 둘러보았다. 원주민들이 사용하던 통나무배에서부터 최근의 첨단 시설을 갖춘 요트에 이르기까지 각종 실물, 모형 배가 전시되어 있었다. 항해와 관련된 여러 가지 역사 자료도 연대순으로 잘 정리되어 있었다. 무엇보다도 눈이 번쩍 뜨인 전시물은 다름 아닌 우리나라가 표시된 고지도였다. 쿡 선장이 항해 때 만든

오클랜드 해양박물관에 전시된 고지도.
우리 동해를 '한국해(Corean Sea)'로 표기해 놓았다.

지도였는데, 우리나라 동해가 '한국해'로 표기되어 있었다. 관람객이 적어 전세 낸 듯 한가로이 지식욕을 충족하였다.

호텔로 돌아와 로비에서 기다리고 있으니 약속한 시간에 정확하게 공항셔틀버스가 왔다. 겨울비가 억수같이 쏟아져 버스 창밖으로 보이는 풍경은 음산하였다. 날씨가 스카이타워와 해양박물관을 구경하는 동안 잘 참아 주었다.

7월 2일

기내에서 잠을 자고 일어나니, 여명을 뚫고 내려다보이는 지형이 눈에 익었다. 먼길을 날아 한반도 상공에만 오면 마음이 포근해지는 것은 수구초심(首丘初心)인가? 50일간의 출장이었지만, 5월 중순에 집을 떠나 7월에 돌아왔으니 달수로는 석 달 만의 귀향이다. 우리나라를 떠나 미국 로스앤젤레스를 거쳐 멕시코의 멕시코시티, 만사니요까지 날아갔다가 거기에서 배로 태평양을 건너 누벨칼레도니까지 갔고, 그곳에서 비행기를 타고 뉴질랜드 오클랜드를 거쳐 다시 우리나라로 돌아왔다. 태평양을 한 바퀴 돌아온 셈이다.

귀국할 때면 항상 상반되는 심정이 교차한다. 집에 돌아와서 좋은 반면 그동안 밀린 일을 생각하면 스트레스가 슬슬 밀려온다.

영종도 주변의 아담한 섬들이 바다의 품에 안겨 잠을 자다 부스스 눈을 떴다. 그 섬들이 하나 둘 기지개를 켤 무렵 비행기는 사뿐히 대지에 내려앉았다.

비행기에서 내려다본 뉴질랜드. 벌써부터 마음이 포근해지는 건 수구초심 때문일까.

심해저 5044미터, 그 비밀의 문을 열다

최영호(문학평론가 · 해군사관학교 인문학과 명예교수)

지금 보고 있는 이것이 내가 전에 한 번도 본 적이 없는 것이라면?

지금 보고 있는 이것을 앞으로 다시는 볼 수 없다면?

나는 어느 여름밤, 그런 질문을 나 스스로에게

던지지 않을 수 없는 순간을 경험했다.

_카슨(Carson)

누가 그랬던가, 눈 뜨고 꿈꿀 수 있다고. 나는 일기 형식으로 쓰인 김웅서 박사의 『바다에 오르다』를 읽다가 밀려드는 감동으로 잠을 이룰 수 없었다. 사실, 나는 김 박사의 항해기를 읽기 며칠 전부터 같은 일기 형식으로 저술된 도쿄케이자이대학 서경식 교수의 『소년의 눈물 – 서경식의 독서 편력과 영혼의 성장기』의 바다에 푹 빠져 있었다. 그런 탓인지, 웅숭깊은 삶이 가득한 그의 항해기는 시처럼 음악처럼 나를 흔들어 놓았다.

그 울림의 내용은 차차 밝히겠지만, 김 박사가 이번 항해 중에 읽은 네 권의 책을 따라 읽는 재미도 빼놓을 수 없는 감동이었다. 파칼렛의 『캡틴 쿠스토』, 쿡 선장의 이야기를 담은 호위츠의 『푸른 항해』, 다윈의 『비글호 항해기』, 헤이에르달의 『콘티키』가 그런 책들이었다.

그런데 이 책들을 따라 읽다가 김 박사의 심중에 놓인 책 한 권도 찾아낼 수 있었다. 학창시절, 스승 고 최기철 교수가 지었다는 『민물고기를 찾아서』였다. 이 책은 민물고기를 다룬 책이면서 물에 관해서도 깊이 연구한 감동적인 연구서다. 민물고기를 찾아 우리나라 방방곡곡을 누비다가 그 민물고기들이 사는 물의 급수까지 감별한 내용을 담은 것이었다. 글눈을 깨치지 못한 일자무식꾼이라 하더라도 물에 사는 민물고기가 무엇인지만 알면 그 물이 먹을 수 있는 물인지 아닌지를 아주 쉽게 구별할 수 있도록 한 명저였다.

　김 박사는 부푼 가슴을 안고 심해저 탐사길에 올랐지만 일이 생각처럼 잘 추진되지 않았다. 그때마다 김 박사는 자신의 옛 스승 최기철 교수가 아흔 살을 넘기며 토한 한마디를 묵상하곤 했다. "할 일은 아직 많은데 해는 자꾸 서산에 지려고 한다." 그 스승에 그 제자가 아닐 수 없다.

　그의 항해기를 따라 읽는 동안, 나는 해저 '5044미터'란 숫자에 지배당했다. 그 숫자는 어둠을 밀어내고 새벽을 재촉했으며, 아메바처럼 자기들끼리 더하고 빼고 나누고 곱해졌다. 일찍이 숫자에다 개인의 감정을 부여한 시인 랭보의 시가 그랬고, 일제라는 퇴폐한 시대를 살며 숫자와 기호로 자기 삶을 재현한 이상(李箱)의 시가 그랬다.

그러나 항해기는 사실 자체에 대한 묘사이자 당사자가 희구한 꿈이다. 숫자 역시 그런 삶의 테두리를 이탈해 있지 않다. 그 하나하나는 김웅서라는 한 존재가 걸어간 '길'이자 '희망'이다. 생각이 여기에 닿자, 숫자에 담긴 의미가 하나 둘 풀어졌고, 그 중심엔 더 무거운 '역사'라는 것이 존재한다는 걸 알았다.

생각해 보면 희망이란 본래 존재한다고도, 존재하지 않는다고도 할 수 없다. 희망은 대지 위에 난 길과 같다. 애초부터 땅 위에 길이란 없었다. 걷는 사람이 많아지면 그것이 곧 길이 된다.

_루쉰 「고향」 중에서

루쉰은 '길은 앞이 아닌 뒤에 만들어진다.'라고 했다. 그 길은 희망의 다른 이름이었다. 그는 길이 있어서 가지 않고 스스로 걸으면서 길을 개척한 존재였다. 이런 인고의 과정을 거쳐, 그는 촌철살인(寸鐵殺人)과 같은 글로 일제 억압에 고통받는 중국 동포들을 계몽시켰다. 심지어 "청년들아, 나를 밟고 오르거라."란 말까지 서슴지 않았다. 자기 성찰의 삶에 철저했던 루쉰은 중국인 모두가 저마다 길과 희망일 수 있기를 갈망했다.

생각하니 한국의 해양학자 김웅서 박사가 걸어간 심해저 탐사 42일간의 항해도 바로 우리 역사다. 미지의 세계를 걸으며 기록한 것은 그의 임무였지만, 그 기록을 역사로 고쳐 읽는 것은 우리의 임무여야 하는 이유가 여기에 있다.

김 박사와의 만남에는 두 가지 계기가 있다. 하나는 그가 지닌 솔직한 인간미다. 하지만 시간이 지나면 지날수록 김 박사의 삶 저변엔 약한 자에 대한 한없는 배려와 강한 자의 오만함에 대한 철저한 분노가 있다는 걸 알고 깜짝 놀라곤 했다.

다른 하나는 공통의 관심사였다. 우리는 전공 분야가 달랐다. 그럼에도 불구하고 우리는 우리가 알고 터득한 것이 단지 각자의 영역에서 차별화되는 것에 그치지 않으려면 경계를 넘어 사유하는 분들에게 제대로 전해져야 한다고 여겼다. 그래서 그들의 창조적 · 탐구적 가능성을 도와 새로운 경험과 인식의 지평을 넓힐 수 있도록 해야 하고, 이를 위한 급선무로 아이들의 동심에서부터 각각의 지적 경계를 넘나드는 사유를 하게 하자는 생각을 함께하였다. 한마디로 말해, "공부해서 남 주자!"라는 것이었다. 어릴 때, 바다를 보다가 물의 위력에 놀란 적 있다. 하지만 그때는 그런 물의 위력이 미래의 세상을 바꾼다는 사실을 몰랐다. 해양학과 세계사가 동일한 지평에 놓인다는 것도 국제정치학을 공부하며 알았고, 바다의 주인이 사람이 아닌 달〔月〕이라는 것은 자연과학과 인문과학의 접점에서 깨달았다. 또한

"모든 경계에는 꽃이 핀다"라는 함민복 시인의 직관과 "사람들 사이에 섬이 있다 / 그 섬에 가고 싶다"라고 한 정현종 시인의 '사이'에 관한 상상력이, 카슨의 『침묵의 봄』·『우리를 둘러싼 바다』·『자연 그 경이로움에 대하여』와 리어(Lear)가 엮은 카슨의 유고집 『잃어버린 숲』이 전하는 경건한 메시지와 다르지 않다는 것도 학문적 영역을 가로지르며 알았다. 갯벌에 대한 편견도 그때 바뀌었다.

갯벌은 바다와 땅의 단순한 만남의 공간이 아니었다. 또한 강이 살아야 갯벌도 살고, 강이 죽으면 갯벌도 죽으며, 강도 일직선이 아닌 뱀처럼 용트림해야 갯벌을 살린다는 걸 알았다. 자연과학과 인문과학의 경계에서 나는 마침내 갯벌이 바다·땅·하늘이 만나서 결혼하는 우주적인 성소(聖所)라는 걸 깨달았다.

노는 게 일이던 코흘리개 시절엔 꿈도 꿀 수 없는 이야기다. 그때는 가방 끈이 짧은 부모님 탓에 공부하라는 소리조차 듣지 못했다. 그래서 "제발 놀지 말고 공부 좀 해라. 이놈아! 공부해서 남 주냐?"라는 말을 듣고 자라는 아이들이 부러웠다.

그런데 어떤 계기로 공학에서 문학으로 전공을 바꾸고, 지식의 경계를 넘나들면서 눈이 열렸다. 그때 읽은 스노(Snow)의 『두 문화』는 충격이었다. 어두운 기억 저편에 자리한 그 충격은 대강 이러했다.

학문과 학문 간에는 벽이 있다. 그런데 그 벽은 배우지 못한 사람이 만들지 않는다. 그보다는 배운 사람들이 만든다. 그리고 더 많이 배운 전문가일수록 더 높은 벽을 쌓는다. 오늘날 자연과학과 인문과학 사이의 벽은 그래서 생겼다. 그들은 각자 익힌 지식을 공유하기는커녕 서로의 영역을 조금만 넘봐도 모르는 소리 말라고 내친다. 그들은 각자의 지식을 상대를 멸시하는 도구로 삼고, 반목의 눈으로 서로를 질타하며, 학문적 지혜를 교류하지 않는다. 그래서 생긴 벽이 학문의 영역은 물론이고 우리 사회 곳곳에 진을 치고 일상생활까지 지배하는 바람에 사람과 사람 사이의 벽은 갈수록 두터워지고 있다.

더 많이 배운 자가 더 높은 벽을 쌓는다? 참 알다가도 모를 일이었다. 그 말은 지적 세계를 추구하는 사람들의 꿈을 빼앗는 소리였다. 이를 듣는 순간, 어릴 적 부모들이 자주하던 "공부해서 남 주냐?"라는 말이 떠올랐다. 공부하면 하는 만큼 내 것이지 남의 것일 수 없다. 맞는 말이다. 그런데 '바로 거기'에 스노가 말하는 학문의 이분법적 대립 구조와 불신의 벽이 자란다는 걸 알았다.

학문 발전과 사회 발전을 위한다면 이 벽은 허물어져야 옳다. 그러려면 서로를 인정하고 배려하는 마음의 문을 열어야 하고, 양쪽에서 동시에 같은 곳에 맞불을 놓아야 한다. 즉, "공부해서 남 줘야 한다." 바로 이 한마디가 김 박사와 나를 만나게 했고, 나로 하여금 그의 항해기를 읽으며 눈 뜨고 꿈꾸게 한 것이다.

　김 박사의 지적 욕망과 나눔의 철학은 이번 항해기 곳곳에서도 발견된다. 머무는 곳이 어디든, 처한 곳이 어디든, 그는 가장 먼저 바다 관련 자료부터 찾는다. 베버(Weber)가 말한 '직업으로서의 학문'이 그의 삶을 지배한 탓일까? 우리는 그의 남다른 지적 욕구와 열정, 탐사 과정 하나하나를 놓침 없이 기록하고 일일이 사진 찍어 보관하려는 노력, 외국 학자들과 함께 생활하며 촌음을 아껴 자신의 관심 분야와 상대방의 관심 분야를 끌어내어 한 단계 올려 놓는 화술, 스치는 곳마다 그 이면의 것을 감별해 내는 풍부한 인류학적 지식에서 그 일단을 확인할 수 있다. 또한 멕시코에서 만난 수다스런 택시운전사의 속 깊은 마음, 팁을 종업원 입장에서 공동 관리하여 재분배해 주는 호텔 지배인의 고운 마음을 읽는 눈길 속에서 읽을 수 있을 것이다. 그뿐 아니다. 우리나라 해저 탐사의 내일을 위해 상세한 해저 지형도부터 작성해야 한다고 짚는 대목에서도 그 일단은 묻어나며, 이번 탐사에서 하와이대학교 크레이그 스미스 교수로부터 국제공동연구의 일환으로 심해생물다양성과 유전자 풀을 조사하는 '카플란 프로젝트'에 우리나라의 젊은 과학자를 추천해 달라는 제안을 받았을 때, 그가 가진 나눔과 배려의 철학은 그대로 노출된다.

기회가 있을 때마다 우리의 젊은 과학자들을 자꾸 외국으로 내보내 경쟁력을 기를 수 있게 해 주는 것이 중요하다. 특히 과학 분야는 문 닫고 집 안에 틀어박혀 있어서는 발전이 없다. 남들이 뭘 하는지 직접 보고 같이 해 보면서 그들보다 먼저 새로운 아이디어와 연구 결과를 내야 한다. 누구를 보낼지 앞으로 더 생각해 봐야겠지만 이번 기회로 우리 연구원 심해저자원연구센터의 젊은 과학자들이 한 단계 도약했으면 싶다(6월 10일).

그는 어머니와 아내, 자식들이 전하는 집안 소식 하나에도 눈시울이 붉어진다. 쌓여 가는 연구와 밀려드는 일로 바깥일을 해야 하는 그로서는 가족들에게 늘 미안한 마음이 앞선다. 이번 항해 중에도 생일을 맞았지만 진짜로 축하받을 존재는 자신이 아닌 자신을 낳기 위해 고생하신 어머니라고 말한다. 이 모두는 가족에 대한 지나친 사랑 표현이라고 보기 어렵다. 오히려 삶의 이치와 일의 선후 관계를 정확히 판단하고, 자기보다 남을 배려하는 그의 생활 철학이 반영된 것이라 하겠다. 자신보다 가족을 앞세우는 이유는 이런 연장선상에서 이해되어야 한다.

그의 삶은 어디서든 균형을 잃지 않는다. 바닷새 부비와 뱃사람을 볼 때도 예외 없다. 바닷새 부비는 망망대해에서 마땅히 쉴 곳이 없어 뱃전에 날아든다. 그러나 부비의 분비물이 갑판을 부식시킨다는 것을 아는 뱃사람들은 어떻게든 내쫓으려 한다. 그러나 새들 역시 기를 쓰고 날아들고, 사람들 역시 기구를 설치해 새를 쫓는다. 사람들의 이런 야박한 속내를 비웃기라도 하듯, 바닷새 부비는 끝내 자기 자리를 찾는다. 바닷새와 바닷사람을 동시에 보는 김 박사의 눈길은 그윽하면서도 균형감 있는 시선이었다.

갑판에서 눈 둘 곳을 찾다가 하늘을 쳐다보았는데, 마스트에 부비들이 한 마리도 안 보였다. 어찌된 일일까 궁금해서 자세히 살펴보았더니, 글쎄 부비들이 앉던 곳에 쇠그물을 잘라 만든 철조망을 빙 둘러 쳐 놓았지 뭔가. 발판이 온통 날카로운 철사가시니, 아무리 기발한 재주가 있더라도 못 앉았으리라.

결국 새들과 인간의 싸움에서 사람이 승리한 것이다. 선원들은 갑판 청소에 신경을 안 써서 좋겠지만, 부비들은 이제 휴식 장소를 잃어버렸다. 그래서인지 부비들은 휴식 장소라도 찾는 듯이 하늘 높이 떠 있었다. 부비는 산란기 때만 빼놓고는 바다 한 가운데서 생활하는 새니까 별문제가 없는데, 쓸데없이 걱정했는지도 모르겠다(6월 8일).

태평양 해저는 수많은 광물 자원들로 가득하며, 그 자원들에 깃든 세월의 무게만 하더라도 수백만 년을 웃돈다. 망간단괴가 100만 년에 2~6밀리미터 정도밖에 자라지 않고, 펄이 쌓이는 속도가 1000년에 불과 2밀리미터 정도밖에 되지 않는다는 것은 알면 알수록 경이롭게 다가온다. 이런 경이로운 광물 자원을 무분별하게 캐낼 경우 과연 어떤 일이 생길까? 걷잡을 수 없는 환경 파괴일 것이다. 그렇다면, 우리가 해야 할 일은 자연과 인간이 상생할 수 있는 길과 지혜를 찾는 일일 것이다.

프랑스는 심해저 광물 자원 개발에 세계적인 기술을 가진 나라다. 우리나라는 한국해양연구원과 프랑스 국립해양개발연구소 간에 공동연구를 수행하며, 태평양 심해저의 광물 자원을 상업적으로 채광할 때 생길 수 있는 환경 파괴를 최소화하고 친환경적으로 개발하기 위해 노력하고 있다. 마침 프랑스에서 태평양 지역의 자국 광구에 대한 2004년도 심해 환경 탐사를 재개하면서 우리와의 국제공동연구를 제안하자 한국해양연구원 김 박사가 뽑혔고, 그 결과 그는 프랑스가 제작한 심해유인잠수정 노틸을 타고 심해 5044미터로 내려가 심해 환경 연구에 성공하여, 가장 깊은 바다에 들어갔던 한국 최초의 과학자가 된 것이다.

탐사에 참가한 과학자들은 총 스무 명(여성 일곱 명)이었다. 여성은 주로 프랑스인이었고, 열세 명의 남성 과학자의 국적은 다양했다. 프랑스, 미국, 영국, 한국, 독일, 일본 등지에서 온 과학자들이었다. 다국적 탐사의 팀장은 프랑스 국립해양개발연구소 소속 조엘 갈레롱이 맡았다. 탐사선은 아탈랑트였다. 아탈랑트는 음파를 이용한 지구물리 탐사, 해양물리학 연구 목적으로 제작되었다. 3천5백60 톤 규모의 아탈랑트는 수심 6천 미터까지 잠수 가능한 유인잠수정 노틸과 무인잠수정 빅터6000의 모선이기도 하다.

승무원은 잠수정 기술자 여덟 명, 의사 한 명, 선원 서른 명 정도였다. 탐사 일정은 1차로 아탈랑트에 모두 승선해 멕시코 만사니요를 출항한 뒤 태평양을 가로질러 누벨칼레도니의 누메아에 도착하는 것이고, 2차로 심해유인잠수정 노틸로 태평양 바다 밑 5천 미터까지 잠수하여 분야별 탐사 작업을 끝낸 뒤 귀항하는 것이었다. 김 박사의 탐사 목적은 매일 열리는 탐사 회의에서 직접 탐사할 과학자의 전문 분야를 고려해 결정되었다.

김 박사는 탐사 종료 이틀 전인 2004년 6월 14일을 자신의 탐사일로 잡았다. 역사적인 날을 자신의 결혼기념일로 택하여 아내와 가족들에게도 근사한 선물을 줄 요량이었다. 그러나 어찌된 일인지 불안한 기상예보는 김 박사의 탐사를 허사로 만들었다. "바닷속에 있을 때는 문제없지만, 나중에 잠수정을 배로 끌어올릴 때 배가 많이 흔들리면 위험하기 때문"에 모선 아탈랑트에서 잠수정 노틸을 내릴 수 없었다. 그에게 "일생에 한번 올까 말까 한 기회인데 하늘이 시샘"하였다. 마침내 취소 결정을 한 선장과 팀장은 실의에 젖은 그를 위로했다. 그러나 다음날이 탐사 마지막 날이라 기회가 없었고, 페드로가 그 탐사를 맡기로 되어 있었다. 버스 지나간 뒤 손들어 봤자 소용없는 일임을 직감한 김 박사는 신에게 빌 수밖에 없었다. 행운의 여신은 그를 외면하지 않았다.

나는 이 대목을 읽다가 숨이 막혀 죽는 줄 알았다. 입이 마르고 한숨이 나왔다. 더는 책장을 넘길 수 없었다. 그 긴박했던 순간을 김 박사의 항해일기를 통해 보기로 하자.

여느 때와 마찬가지로 9시에 탐사 회의를 하였다. 내일이 마지막으로 탐사하는 날이다. 바다의 상태가 괜찮아져 내일은 잠수하기로 했다. 내일 저녁 잠수정이 올라오는 즉시 모든 탐사는 종료되고 우리는 누벨칼레도니의 누메아로 향한다. 탐사 내용을 결정한 후 잠수정을 타기로 되어 있던 두 사람 중에 누가 탈 것인지를 결정하는 문제가 남았다. 조엘 갈레롱이 고민하다가 서양 사람들이 흔히 그러하듯 공평하게 동전을 던져 결정하자고 제안하였다.

조엘 갈레롱이 1유로짜리 동전을 꺼내 놓고 무늬가 있는 쪽이 앞면, 숫자 1이 쓰여 있는 쪽이 뒷면이라며 나에게 어떤 쪽을 선택할 거냐고 물었다. 잠수정을 못 타도 괜찮다고 마음을 이미 비운 상태라 선택하는 것이 그리 부담스럽지는 않았다. 나는 앞면을 택하겠다고 말했다. 자연히 페드로가 뒷면을 선택했다.

그 다음에는 누가 동전을 던지느냐가 문제였다. 어느 누구도 이 부담스러운 결정에 끼여들고 싶어 하지 않았다. 가장 나이가 어린 마리온이 다른 사람들의 강요에 마지못해 회의탁자에 동전을 던졌다. 오히려 나와 페드로보다 다른 사람들이 더 긴장한 채 동전을 확인하였다. 나는 보지 않았다. 조엘 갈레롱이 동전을 확인하고는 앞면이라고 했다. 내가 잠수하기로 결정되는 순간이었다! 제일 먼저 페드로에게 미안하다고 말했다. 잠수정을 타게 되었는데도 영 마음이 편하지 않았다. 하루 더 잠을 설쳐야 되고……. 아내가 보낸 이메일 제목이 'good luck'이었는데, 이 기원이 정말 행운을 불러온 것 같다(6월 14일).

생각해 보니, 김 박사는 참 운이 좋은 사내다. 이것은 동전 던지기의 행운만 두고 하는 말이 아니다. 행운은 실제 탐사 과정에도 그대로 이어졌다. 그는 원래 정해진 날(6월 14일)의 탐사와 행운의 여신이 미소 띤 그날(6월 15일) 탐사까지 동시에 할 수 있었다. 겹경사가 일어난 셈이다. 모두 한 번밖에 기회가 없었지만, 같은 한 번이라도 그에겐 두 번의 탐사 기회였던 것이다. 그 결과, 5044미터 심해저 두 곳에서 "미생물·퇴적물 등을 채집하는 것"도 하였고, "대형 생물을 채집하여 사진 찍는 것"도 할 수 있었다. 그런 가운데 최초로 '눈 없는 물고기'를 찾는 쾌거도 이룩했다. 한마디로 태평양 심해저 5044미터에서 "심 봤다!" 소리칠 수 있었던 심마니는 한국의 김웅서 박사였다.

　과연, 김 박사가 직접 탔다는 심해유인잠수정 노틸은 어떤 것일까? 모선 아탈랑트의 자선(子船) 격인 노틸은 프랑스가 1985년에 제작한 것이다. 지난 20년 동안 세계 곳곳의 심해를 누볐으며, 그 가운데는 타이타닉의 탐색에 참여한 경력도 가지고 있다. 승무원은 조종사·부조종사·기술자·항해사가 각 두 명, 총 여덟 명이다. 수심 5천 미터 이상 잠수 가능하며, 길게는 5시간 이상 심해저 탐사를 할 수 있다. 무게 19.5톤, 길이 8미터, 폭 2.7미터, 높이 3.8미터고, 선체는 티타늄 합금으로 만들어졌으며, 조종실 내부 지름은 2.1미터로 구형되어 있어 심해저 수압을 견딜 수 있도록 설계되었다.

　또한 조종실 내부 양쪽 면에는 각종 전자 장비와 계기판, 동영상 촬영 장비가 있으며, 앞쪽으로는 바깥을 내다볼 수 있는 지름 12센티미터 현창 세 개가 있다. 잠수정 뒤쪽에는 추진프로펠러와 보조추진장치가 있어 위아래, 앞뒤로 움직일 수 있도록 고안되었다. 특히, 심해 작업 공간을 라이트를 켜서 대낮처럼 밝히는데, 심해의 미세한 것도 사진 찍을 수 있도록 하기 위해 6백50 와트 라이트 두 개, 4백 와트 라이트 다섯 개의 조명 장치가 있고, 두 대의 컬러 비디오카메라와 플래시가 부착된 카메라도 함께 갖추고 있다.

이 잠수정 부조종석에 탑승한 김 박사는 "공중에 붕 뜬 느낌" 속에서 "모선과 탯줄을 끊고 자유의 몸"이 되어 "미친 듯 물방울들이 위로 소용돌이"치는 것을 뒤로 하며 심해로 내려갔다. "수온약층"을 지나 "암흑의 세계"를 거쳐 마침내 심해 5044 미터에 당도했다. 그의 말대로, "그 누구의 방문도 허락하지 않았던 처녀지"에 도착한 것이다. 북위 9도 34분, 서경 150도 1분. 시각은 2004년 6월 15일 오전 11시 15분!

채집 장소는 자유롭게 선택하지만 탐사는 탐사 회의에서 결정된 대로 따라야 한다. 그는 잠수정 외부에 달린 두 개의 로봇 팔로 두 곳을 골라 심해저 생물, 퇴적물, 망간단괴를 채집한 후 프티푸세를 바닥에 놓아야 했다. 채집된 심해 미생물은 주로 고압 배양실에서 배양되어 산업적으로 유용한 물질 개발에 사용되고, 심해 퇴적물과 해수는 물리 · 화학적 특성을 측정하는 데 사용된다.

또한 망간단괴의 금속 성분 분석과 그 표면에 붙어 사는 생물 조사를 위해 김 박사는 망간단괴도 채집하였다.

100만 년에 고작해야 2~6밀리미터 정도 자란다는 망간단괴를 채집하며, 그는
단순한 흥미진진함을 넘어 지구 생성의 비밀에 매료되었다. 가장 큰 수확은 최초로
'눈 없는 물고기'를 찾았을 때다. 이때 느낀 발견의 기쁨을 직접 들어보자.

처음 보는 물고기도 눈에 띄었다. 그 물고기는 머리가 둥글고 매끈한 공 모양이었는
데 희한하게도 눈이 아예 없었다. 빛이 없는 심해에서 사는 물고기는 눈이 퇴화되어
보지는 못하지만, 그래도 머리에 눈은 달려 있다. 잠수정 카메라로 연신 사진을 찍
었고, 내 디지털카메라로도 찍었다. 현재까지 '눈 없는 물고기'는 동굴에서 발견된
민물고기가 알려져 있을 뿐이다(6월 15일).

수확의 기쁨은 그걸로 그치지 않았다. 로봇 팔로 채집한 길이 50~60센티미터의
고래뼈도 그중 하나다. 그 뼈는 수백만 년 전의 것이다. 게다가 길이 60센티미터 정
도의 해삼, 갯지렁이, 수족이 다섯 개 달린 큰 불가사리, 그리고 꼬물꼬물 작은 날
개로 헤엄친다고 하여 일명 '바다의 천사'로 불리는 동물플랑크톤 클리오니 등도
찾아냈다.

또한 이번 탐사 목적 중 하나는 망간단괴의 분포 형태와 생물상의 구조 사이에 있는 상관관계를 조사하는 것이고, 다른 하나는 심해저가 인간에 의해 교란될 경우 심해 생태계의 변화와 그 회복 과정에 대한 관찰이다. 이런 탐사 결과는 태평양 심해 자국 광구에 대한 상세한 환경지도를 만드는 데 활용된다.

그렇다면 우리나라 최초로 이루어진 김 박사의 심해탐사기가 우리에게 던지는 시사점은 무엇인가?

첫째, 생명에 대한 존중과 그 경이로움에 접근하는 우리 인간의 지혜다. 심해저는 지금도 미궁의 세계로 존재한다. 거기엔 우리가 알지 못하는 생명들과 자원들이 산적해 있다. 김 박사는 "서로 먹고 먹히며 살아가도록 만들어진 자연의 섭리에는 무슨 뜻이 담겨 있을까?" 궁금해 한다. 하지만 우리는 100만 년 뒤에 일어날 생명의 진화를 예측할 수 없다. 단지, 물리법칙과 정보이론을 이용해 그 생명의 잠재력이 부여한 한계만을 연구할 뿐이다. 그런즉, 이번 심해저 탐사 후 다시 그 자리에 어떤 생물들이 새로운 군집을 형성하는지를 확인하기 위해 실시하는 저서환경충격실험과 실험에 사용한 장비를 1년 동안 계류 후 다시 수거하는 과정은 주목해 봐야 할 것이다. 인간의 관점에서 볼 때 그 세계와 생명은 느리고 산만하며 불안하고 어리석기 짝이 없는 세계일지 모르나, 생명의 관점에서는 매우 자명한 우주적인 세계다. 김 박사의 책은 이런 경이로운 세계에 우리 인간이 어떻게 접근하는 것이 올바른 것인지를 사려깊게 소개하고 있다.

둘째, 하나의 목표 달성을 위한 철저한 자기 관리와 확고한 자신감이다. 배를 타고 오랫동안 항해하기란 쉽지 않다. 여기엔 기본 체력이 필요하다. 왜냐하면 체력이 약하면 흔들리는 배에선 정신이 혼미해지기 쉽고, 갈피를 잡을 수 없기 때문이다. 그가 "좁은 공간에서 장시간 탐사하기 때문에, 폐쇄공포증이 있는 사람은 탑승할 수 없다."라고 말한 것은 이런 이유에서다. "바다 한가운데서 인간은 무력할 수밖에 없다." 이 때문에 바다는 우리에게 시간에 익숙한 삶보다 파동(波動)에 몸을 맡길 줄 아는 삶을 요구하고 있다. 해저 탐사의 목표를 수립하고 그 목표 달성을 위해 체력을 기르고 정신을 가다듬는 것은 김 박사 아닌 다른 사람이 대신할 수 없다. 누구든 스스로 해야 하는 것이다. 역설적이게도 바로 그렇기 때문에 이번 항해기는, 목표를 세우고 그 목표를 향해 나아가는 사람들에게 어떤 자기 관리와 신념을 가져야 하는지 그 한 본보기를 보여 주고 있다.

셋째, 심해저 연구에 대한 우리 정부의 획기적인 관심과 투자의 필요성이다. 우리의 심해저 연구 수준은 일천하다. 거의 길이 없었다고 봐도 과언이 아니다. 몇 해 전, 한국해양연구원 거제 장목분소 부둣가에 잠수정 한 척이, 무방비 상태의 도시에 버려진 미아처럼 덩그렇게 지상에 올려진 것을 본 적 있다. 지상에 올려진 그 잠수정은 결국 자기 길을 잃은 셈이다. 길이 없다는 것은 뒤집어 보면 모든 곳이 길이란 얘기다. 그렇다면 우리는 희망을 길이 보일 때 생기는 게 아니라 길이 보이지 않을 때 가져야 한다. 길은 앞이 아닌 뒤에 만들어지고, 희망은 그 길과 같다. 이번 심해저 탐사 성공으로 심해저 연구 분야에 한층 더 넓은 길이 열린 만큼 우리 정부로서는 현실적인 관심과 확실한 투자가 있어야 한다. 왜냐하면 많은 것이 변하지만 모든 것이 다 변하지는 않는 심해저는 우리의 논리적 창조성과 체계적인 연구를 필요로 하기 때문이다.

넷째, 바다가 인류 공동의 자산이며 미래의 희망임을 재확인시킨다. 우리는 자연이란 원금을 뜯어먹어서는 살 수 없다. 그보다는 자연이 베푸는 이자를 수거하며 살아야 한다. 그러기 위해서는 자연이란 능동성을 해치지 않고 그 능동성이 생산하는 것들을 독차지하지 않고 살면 된다. 바다는 우리에게 더불어 살 수 있는 지혜를 거창한 구호로 가르치지 않는다. 바다는 누구든지 나누고 베풀며 공경하며 서로가 서로를 인정하는 삶의 아름다움이 어떤 것인지를 증명하고 있다.

5월 25, 31일 일기는 우리를 숙연하게 한다. 여기엔 20년 전 미국이 망간단괴를 쓸어간 뒤 생겼던 '심해저 바닥의 흔적'이 지금도 계속 그 상태로 보존되고 있다는 놀라운 사실이 소개된다. 그러나 그 놀라움은 신랄한 비판으로 바뀐다. 그 결과 자국의 이익을 위해 세계 각국이 심해저 망간단괴 채집을 지금껏 어떻게 해 왔고, 그로 인해 파생되는 문제가 무엇이며, 또 앞으로의 대책은 어떠해야 하는지가 토의된다. 국가는 달라도 다국적 과학자들은 학자로서의 양심에 따라 망간단괴 채집시 잘못된 점을 과감히 지적하고 상대방의 질책을 수용한다. 물론, 이런 일은 심해저 망간단괴 하나에만 국한된 것은 아닐 것이다. 하지만 그의 항해기는 그 현장을 여과 없이 생생하게 보여 줌으로써 인간과 바다가 공존하는 지혜, 요컨대 인간과 바다가 객이 아니라 모두가 주인일 수 있는 혜안을 찾아보게 한다.

물론, 바다는 한 사람이 짊어지기에 너무 넓고, 혼자서 연구하기에 광활하고 심대하다. 분명, 바다의 자원은 인간의 것이 아니라 바다의 것이다. 그 자원을 얻기 위해 우리 인간은 무엇보다 바다와 대타협을 해야 한다. 이번 심해저 탐사만 하더라도 함께 모인 다국적 과학자들이 갖은 지혜를 모았지만 숭고한 대자연의 질서 앞에 좌절할 때가 적지 않았다. 그때마다 그는 남몰래 바다의 신 넵튠에게 빌고, 용왕의 존재를 떠올리며, 미신 이야기에 귀를 기울인다. 심지어 바다의 신의 분노를 사지 않기 위해 스스로 자중하는 그의 모습에서 바다에는 우리가 이성적 판단으로 해결할 수 없는 일이 수두룩하다는 것을 직감할 수 있다. 그가 '적도제'에서 넵튠에게 자기 고백하는 장면은 바다와 적절한 타협을 해야 할 인간의 숙명을 보여 주는 듯하다.

> 나는, 20년 넘게 연구를 위해 많은 바다생물을 죽인 죄는 실로 크지만 넵튠이 다스
> 리는 바다의 아름다움을 사람들한테 알리고자 함이었으니 정상을 참작해 달라고 탄
> 원서를 제출했다(6월 19일).

다섯째, 삶의 근원적인 즐거움을 돌아보게 한다. 그의 항해기는 우리가 모르던 해저 세계의 비밀을 알게 되었다는 것 이상으로 즐거움을 주고 있다. 그 즐거움은 우리 인간의 삶과 탐구 정신이 사실은 서로 밀착되어 있음을 깨닫는 데서 오는 즐거움이다. 즉, 우리 삶에 바다와 해저 세계가 있고 없음에 따라 우리가 사는 세계의 무엇이 어떻게 달라지는지를 찬찬히 생각하는 가운데서 발견되는, 매우 근원적인 즐거움이다. 이는 사람이 사는 근본 방식, 다시 말해 우리가 어떻게 사는 게 창조적 존재로서의 삶을 진정으로 누리며 사는 것인지를 돌이켜보게 하는 즐거움이다. 만약, 우리가 세계와의 끊임없는 교섭 속에서 살기를 바란다면, 바다와도 상호 교류하며 살아야 한다.

하늘 1백 미터를 오르기보다 바다 1백 미터를 내려가는 데는 수십 수백 곱절의 노력이 필요하다. 비용도 비용이지만 자연과의 친화와 공평무사한 지혜가 부족해서다. 우주선이 달나라를 왕복하고, 심지어 화성 탐사까지 나서는 판에 해저 세계는 그래서 아직도 굳게 입 닫고 있다. 이런 마당에 심해저 환경에 대한 연구가 극히 초보적 수준에 있는 우리로서는 김 박사의 이번 성공이 갖는 의의가 적지 않다. 그것은 황무지를 개척해 옥토로 만드는 한 단계로서, 심해저 분야의 연구를 앞당기는 일대 쾌거가 아닐 수 없다.

따라서 심해저에 대한 지속적인 연구와 발전을 위해 지금의 우리에게는 보이는 것과 보이지 않는 것, 그 깊이와 넓이를 가로지르는 사유와 철학이 필요하다. 사람의 마음은 심해저처럼 감추어져 있다. 또한 본다고 하여 볼 수 있는 게 아니고, 보여지는 것을 정직하게 볼 수 있는 마음의 눈〔心眼〕을 가져야 한다. 존재보다 생명을 우선시하는 심층생태학(Deep Ecology)과 공경의 철학이 소망스런 이유는 여기에 있다.

마지막으로 김 박사의 항해기가 갖는 독창성이다. 그것은 쿡 선장의 항해기와 다르다. 또한 다윈의 항해기와도 같지 않고, 헤이에르달의 항해기와도 다르다. 그런데 세상의 모든 것은 똑같은 것이 없다. 사람만 하더라도 사람 자체는 같지만 한 사람 한 사람을 따로 놓고 보면 모두가 서로 다른 존재들이다. 항해기도 마찬가지다. 세상에 알려진 기존의 모든 항해기도 모두가 다르다는 관점에서 다 같은 항해기인 것이다. 그런즉 우리는 2005년에 이르러서야 해양생물학자가 집필한 우리나라 최초의 항해기를 가진 셈이다. 이미 수많은 항해기를 남긴 나라들과는 달리, 아니 그들 나라들이 갖지 못한 우리의 항해기를 가졌다는 것을 우리는 직시해야 한다. 『바다에 오르다』는 앞서 열거한 항해기들이 해상 위주로 쓰인 데 반해 해상과 심해저를 대상으로 한 항해기란 점에서 독특하다. 비록 다른 나라 항해기에 비해 항해 일수가 짧고 영역이 제한되어 있지만, 심해저를 주무대로 쓰인 항해기란 점을 고려하면 그 넓이보다 그 깊이와 희소성에 초점을 두고 평가하는 것이 옳을 것이다.

바로 그렇기에 이런 독창적인 항해기를 집필할 수 있는 김 박사의 사려깊은 관찰력과 탁월한 문장력은 주목해 봐야 한다. 그는 이 둘을 하나로 엮되 적절한 비유와 사실을 토대로 이야기로 풀고 짜는 역량을 겸비하고 있다. 어떠한 사실이든 그냥 넘어가는 법이 없고, 심지어는 그 사실을 넘어서는 허구까지도 재미난 이야기로 만들어 낸다. 그의 항해기가 속도감 있게 읽히고, 탐사 지점까지 찾아가는 지루한 항해 동안에도 글의 긴장감을 계속 유지하는 것은 치밀하고 정교한 문장과 자료를 섭렵하고 정리하는 그의 솜씨 때문이다.

그의 탁월한 글솜씨는 오랫동안 언론계에 재직하신 선친의 영향이 큰 듯하다. 물론, 여기엔 놀라운 사진 솜씨도 포함된다. 이번 항해기에서 다국적 과학자들이 앞다투어 사진을 찍어 달라고 부탁한 것은 허튼소리가 아니다.

점심 먹으면서 선상생활을 하는 동안 틈틈이 책 한 권을 쓸 계획이라고 하였더니 모두 관심이 대단했다. 소설을 쓰느냐, 주인공이 누구냐, 주인공이 바다 괴물과 싸우느냐, 로맨스가 들어가느냐 등등. 나는 『해저 2만리』를 쓴 쥘 베른과 같이 소설 쓸 재주는 없고, 과학자 입장에서 『비글호 항해기』를 쓴 다윈이나 유명한 항해를 한 마젤란 · 콜럼버스 · 제임스 쿡 선장 · 쿠스토 선장처럼 항해 기록을 쓸 예정이라고 했다. 그랬더니 모두들 자기도 책 속에 등장하느냐고 아우성을 쳤다(5월 21일).

마침내, 그는 자연과학과 인문과학을 넘나드는 사려깊은 사고, 박진감 넘치는 글솜씨, 뛰어난 사진 기술을 유감없이 발휘하여 독창적인 항해기를 집필했다. 그로 인해, 다국적 과학자들 앞에서의 자신의 선언을 정확히 지켰을 뿐 아니라 그들의 염원처럼 그들 모두를 등장인물로 다룬 2005년판 한국 해양생물학자의 심해탐사기가 나온 것이다.

　인문과학 측면에서 볼 때, 그의 항해기는 우리가 바다와 인간의 관계를 다각도로 조망할 수 있게 한다. 그는 큰 것을 통해서 작은 것을 살피고, 깊은 것을 통해서 넓은 것을 주목한다. 또한 눈에 보이는 직접적인 대상에만 고착하기보다 그 너머까지 생각하며, 같은 것도 전혀 다르게 존재할 수 있다는 가능성을 잊지 않는다. 바다 자체만이 중요한 것이 아니라 참으로 중요한 것은 바다를 대하는 우리의 전체적인 지각이며 균형 잡힌 행동일 것이다.

　프린스턴대학교의 물리학자이자 미래학자인 다이슨(Dyson) 교수는 앞으로 "인간의 양적 성장보다 더 중요한 문제는 질적인 차원에서 본질적인 변화가 일어날 수 있는 가능성"으로 보았다. 그가 말하는 가능성은 인간의 본질을 재구성하기 위해 우리가 직면해야 할 수많은 문제로 다가올 것이다. 우리는 그 해답을 찾으려 노력할 것이고, 그것으로 인해 우리는 우리 자신과 후손들의 집단의식과 집단기억을 잇고 원활한 의사소통을 할 수 있는 토대를 구축할 것이다. 그렇다면 김 박사가 쓴 이 항해기의 질량(質量)을 '공평무사하게' 잴 수 있는 지상의 척도는 무엇일까? 이런 소박한 질문을 던지며, 그의 항해기가 준 '눈 뜨고 꿈꿀 수 있는 감동'을 나는 가슴에 접는다.

이제, 역사적인 항해기의 심오한 내용에 비해 극히 사족에 불과한 글을 끝내며, 가끔 누군가가 행하는 파괴적 취향을 보거나, 내가 나의 사유 밖으로 외출시킨 잃어버린 물음을 찾으려 할 때마다 즐겨 암송하는 동시 한편으로 김 박사의 이번 항해기 출판을 축하하고자 한다.

산 너머 저쪽엔
별똥이 많겠지
밤마다 서너 개씩
떨어졌으니.

산 너머 저쪽엔
바다가 있겠지
여름내 은하수가
흘러갔으니.

_ 이문구 「산 너머 저쪽」 전문